BEI GRIN MACHT SICH IHR WISSEN BEZAHLT

- Wir veröffentlichen Ihre Hausarbeit, Bachelor- und Masterarbeit

- Ihr eigenes eBook und Buch - weltweit in allen wichtigen Shops

- Verdienen Sie an jedem Verkauf

Jetzt bei www.GRIN.com hochladen und kostenlos publizieren

Andre Dörschug

Didaktische Diskussion eines Projektes am Gymnasium zum Thema: Giftpflanzen und Gifttiere in unserer Stadt

GRIN Verlag

Bibliografische Information der Deutschen Nationalbibliothek:

Die Deutsche Bibliothek verzeichnet diese Publikation in der Deutschen National-
bibliografie; detaillierte bibliografische Daten sind im Internet über http://dnb.d-
nb.de/ abrufbar.

Impressum:

Copyright © 2003 GRIN Verlag GmbH
Druck und Bindung: Books on Demand GmbH, Norderstedt Germany
ISBN: 978-3-656-70207-8

Dieses Buch bei GRIN:

http://www.grin.com/de/e-book/29678/didaktische-diskussion-eines-projektes-am-
gymnasium-zum-thema-giftpflanzen

GRIN - Your knowledge has value

Der GRIN Verlag publiziert seit 1998 wissenschaftliche Arbeiten von Studenten, Hochschullehrern und anderen Akademikern als eBook und gedrucktes Buch. Die Verlagswebsite www.grin.com ist die ideale Plattform zur Veröffentlichung von Hausarbeiten, Abschlussarbeiten, wissenschaftlichen Aufsätzen, Dissertationen und Fachbüchern.

Besuchen Sie uns im Internet:

http://www.grin.com/

http://www.facebook.com/grincom

http://www.twitter.com/grin_com

Didaktische Diskussion eines Projektes am Gymnasium zum Thema: „Giftpflanzen und Gifttiere in unserer Stadt"

Schriftliche Hausarbeit im Rahmen der

Ersten Staatsprüfung für das Lehramt für die Sekundarstufe 1 und 2

Dem Staatlichen Prüfungsamt für Erste Staatsprüfung für Lehrämter an Schulen

- Essen -

vorgelegt von:

Andre Dörschug

Essen im April 2003

(Institut für Biologie und ihre Didaktik)

Fachbereich 9

Inhaltsverzeichnis

1 Vorwort

Ich möchte die Natur[1] nicht nur passiv betrachten, sondern aktiv, gezielt beobachten, untersuchen und Zusammenhänge erkennen. Daneben möchte ich die Natur auch nutzen durch Sammeln von Pilzen, Wildkräutern und Beeren. Der Erlebniswert Natur wird dabei zwangsläufig vertieft. Mit zwei Freunden, die diese Einstellung teilen, gehe ich monatlich nach draußen: Wir erkunden gemeinsam autodidaktisch die Natur. Dazu nehmen wir uns ein Thema vor, zu dem bereitet jeder ein eigenes Konzept getrennt vor. Gemeinsam setzen wir aus diesen Konzepten eine Mischung am ersten Wochenende im Monat um, ähnlich den Prinzipien in der Projektarbeit. Problemstellung, Planung und Durchführung sind dabei jedoch sehr viel stärker verzahnt und von der Situation vor Ort abhängig. Hinzu kommt eine größere Fahrt wie z.B. im Jahr 2001, bei der wir für eine Woche in die Alpen ins Wettersteingebirge (Mittenwald) gefahren sind. Als Nachbereitung und für den Gedankenaustausch mit anderen Gruppen nutzen wir das Internet. Dazu haben wir eine eigene Homepage erstellt auf der wir unsere Erfahrungen und Erlebnisse mit dem Hintergrundwissen präsentieren und nennen uns dort „Die Waldläufer"[2]. Die Internetseite entspricht im Projekt der Präsentation in einer besonderen Form (Nutzung des neuen Mediums mit Interaktion).

Wir beteiligen uns daneben aktiv am Naturschutz. In Zusammenarbeit mit der Stadt R. haben wir beispielsweise zur Umwelterfahrung und zum pfleglichen (nachhaltigen) Umgang mit der Natur Plakatwände entworfen und das Ergebnis im Stadthaus ausgestellt.

Einige Mitmenschen behaupten, dass wir uns unnötigen Gefahren wie Fuchsbandwurm, Zecken mit Borreliose etc.,

---

[1] Unter Natur wird das Gewachsene im Gegensatz zu dem vom Menschen Geschaffenen verstanden.
[2] Zu finden sind wir unter www.ruf-der-wildnis.de.

Schlangenbissen oder Giftpflanzen, wie Fingerhut, Schierling aussetzen. Auch von den anderen „Waldläufern" werde ich häufiger gefragt, ob diese Gefahren bestehen. Ich habe mich deshalb damit beschäftigt, insbesondere mit Zusammenhängen und Gegenmaßnahmen bei Krankheitsübertragungen und Vergiftungen durch Pflanzen und Tiere. Viele Risiken lassen sich dabei durch einfache Regeln so stark vermindern, dass sie keine Gefahr mehr darstellen. Ein Restrisiko ist jedoch immer vorhanden (auch im Internet nachzulesen). Insbesondere die Beschäftigung mit giftigen Tieren und Pflanzen empfand ich als sehr interessant und faszinierend.

Ich wollte deshalb gerne ein solches Thema mit Schülern[3] umsetzen. Dafür bot sich die Hausarbeit an. Ich danke Herrn Prof. Dr. E. Schmidt für die Vergabe des Themas.

---

[3] Der Begriff Schüler ist in dieser Arbeit geschlechtsneutral zu verstehen und wurde aus Gründen der Einfachheit gewählt.

2 Einleitung

„Der Mensch muss die ganze Schöpfung lieben
- oder er wird nichts in ihr lieben."

(RUDOLPH KAISER 1993)

Wir sind umgeben von giftigen Pflanzen und Tieren. Ein genauerer Blick in unsere Umgebung zeigt es: Im Garten sehen wir Lorbeer, Lebensbaum und Eibe. Beim Spaziergang in der Natur begegnen wir Fingerhut, Schöllkraut und Zaunrübe. Selbst viele unserer Zimmerpflanzen wie z.B. Weihnachtsstern und Diffenbachia sind giftig. Am Kaffeetisch naschen Wespen von unserem Kuchen, beim Beerensammeln können wir der Kreuzotter begegnen. Gehen wir barfuß über die Wiesen, werden wir manchmal von Bienen gestochen.

Giftige Pflanzen und Tiere werden von vielen Menschen als Übel betrachtet. Wespennester werden ausgebrannt, giftige Pflanzen aus dem Garten verbannt und am Wegrand beim Spaziergang ausgerissen. Die Kreuzotter wird beim Versuch zu fliehen im Heidelbeergebüsch erschlagen.

Viele Menschen glauben dabei, etwas Gutes getan zu haben, indem sie die Welt von diesen giftigen, gefährlichen Lebewesen befreit haben. Die Gleichung, giftig gleich gefährlich, ist nur bedingt richtig. Ohne Zweifel sind Gefahren durch Giftpflanzen und Gifttiere gegeben und müssen beachtet werden. Doch die Gefahren werden in der Bevölkerung überhöht wahrgenommen. Bei den Menschen gibt es viele Ängste und Befürchtungen. In Statistiken über Vergiftungsursachen sind Giftpflanzen und Gifttiere jedoch nur auf den hinteren Rängen zu finden (auch bei Kindern). Ein sehr viel größeres Gefahrenpotential geht von Haushaltsprodukten und Arzneimitteln aus (HESSE 1998).

Das Gift wird bei Lebewesen für unterschiedliche Aufgaben verwendet. Pflanzen benötigen Gifte nicht unmittelbar. Die

Funktion des Giftes beruht bei ihnen vor allem auf einer Abwehr von Fraßfeinden (TEUSCHER & LINDEQUIST 1988). Die Giftigkeit wird den Pflanzenfressern meistens durch einen bitteren oder scharfen Geschmack angezeigt, der aber zur Entfaltung der Wirkung nicht nötig sein muss (TEUSCHER & LINDEQUIST 1988). Manchmal reicht es sogar aus, wenn die Pflanze beim Fressen für ein Tier unangenehm riecht oder schlecht schmeckt aber kein Gift enthält, um verschont zu werden (HESSE 1990). In der Evolution haben sich aber auch Tiere herausgebildet, die gegen bestimmte Gifte unempfindlich sind, die Pflanzen daher trotzdem fressen und dabei sogar das Gift selbst nutzen (vgl. MEYFARTH & TEUTLOFF 2001). Pflanzen sind meistens passiv giftig. Das heißt, sie besitzen meist keine speziellen Einrichtungen bzw. „Werkzeuge", um ihr Gift zu verabreichen. Um zu Vergiftungen zu führen müssen die Pflanzen in der Regel gegessen bzw. gefressen werden. Ausnahmen bilden Pflanzen, die bei Berührungen zu Vergiftungen führen. Ein Beispiel hierfür ist die Brennessel.

Tiere können Gift genauso wie Pflanzen passiv, zur Abwehr von Angreifern nutzen, wie beispielsweise der Marienkäfer. Es gibt aber auch aktiv giftige Tiere. Sie besitzen spezielle Einrichtungen (Giftzahn, Giftstachel, etc.) um Gift gezielt abzugeben (MEBS 2000). Das Gift kann dabei auch zur Abwehr von Feinden verwendet werden. Es wird dann aber meistens zum Beuteerwerb eingesetzt. Oft ist damit eine weitere Aufgabe, die Vorverdauung (Verdauung) der Beute, verbunden (MEBS 2000).

Die Arbeit soll dazu beitragen, mehr über das Phänomen „Gift" bei Pflanzen und Tieren zu erfahren. Hierbei sollen die von Giftpflanzen und Giftieren ausgehenden Gefahren weder verharmlost noch überbewertet werden. Die Beschäftigung mit ihnen kann helfen, unsinnige Ängste abzubauen, wirkliche Gefahren zu verringern und bei Vergiftungen richtig zu handeln.

Wichtig bei der Behandlung dieses Themas ist, dass die Tiere und Pflanzen nicht losgelöst vom Menschen betrachtet werden. Die Gefühle, die beim Thema Giftpflanzen und Gifttiere vorhanden sind, müssen ernst genommen und dürfen nicht einfach beiseite geschoben werden. Werden die Emotionen nicht beachtet, verbleiben unweigerlich die Erkenntnisse über Giftpflanzen und Gifttiere und erreichen die Menschen nicht in ihrem Alltag.

3 Sachanalyse

3.1 Vorbemerkungen

Bei meiner Sachanalyse beschränke ich mich auf bestimmte allgemeine biologische Aspekte.

Bei den Pflanzen wird der Artname und die Familie genannt. Bei den Tieren wurde die Systematik breiter aufgeführt. Kennzeichen der Arten folgen in einem Kasten. Sind für Schüler sichere, eindeutige und leicht erkennbare Merkmale für die Artdiagnose vorhanden, werden diese ebenfalls dort aufgeführt. Es folgen biologische Merkmale. Bei Pflanzen sind dies der Lebensraum, Vorkommen in der Stadt R., Wuchsform, Blüte, Frucht, Gift, Nutzen und Gefährdung für Menschen und Tiere. Bei Tieren sind es Lebensraum, Vorkommen in der Stadt R., Ernährung, Verhaltensweisen, Giftapparat, Gift sowie Gefährdung und Nutzen für Menschen. Die Arten wurden aus der Sicht der Schüler aufgearbeitet, dabei wurden schulrelevante Inhalte für den Unterricht umgeformt.

3.2 Zum Begriff „Gift"

Der Begriff „Gift" wird von vielen Menschen unterschiedlich aufgefasst. Allgemein kann bemerkt werden, Gift ist keine Eigenschaft eines Dings an sich, wie grün, fest oder flüssig. Die Kennzeichnung eines Stoffes mit dem Begriff „giftig", beruht hauptsächlich auf der Erfahrung mit der Wirkung des Stoffes (FISCHER 1989). Gift ist daher ein Sammelbegriff für giftig erkannte Stoffe (KROEBER 1949). Darunter kann ein Stoff verstanden werden, der im Stoffwechsel beim Menschen störend eingreift (zu einer Vergiftung führt) und in einigen Fällen seinen Tod zur Folge haben kann (FROHNE & PFÄNDER 1997). Ein Gift ist somit potentiell für den Menschen gefährlich und eng mit dem Begriff „Gefahr" verknüpft (siehe Einleitung). Häufig wird mit dem Begriff „Gift" aber auch nur ein Stoff bezeichnet, der zu einer kleinen, lästigen Störung des Stoffwechsels führt. Ein Gift muss dabei sogar nicht immer giftig wirken. Ob ein giftiger Stoff tatsächlich zu einer Vergiftung führt, hängt nämlich von verschiedenen Faktoren ab. Ein wichtiger Punkt ist die Dosis. Diese Erkenntnis sprach zuerst Theophrastus Bombastus von Hohenheim (Paracelsus 1493 – 1541)

„Was ist das nit gifft ist? alle ding sind gifft und nichts ohn gift. Allein die dosis macht das ein ding gifft ist. Als ein Krempel, ein jetliche Speiß und ein jetlich getranck so es aber sein dosin eingenommen wirdt, so ist es gifft, das beweist sein ausgang: Ich geb auch zu, daß gifft gifft sey."

(aus FISCHER 1989)

Letztlich bedeutet diese Erkenntnis: Jeder Stoff ist ab einer bestimmten Dosis giftig und führt dann zu einer Vergiftung. Vorher kann der Stoff verschiedene Wirkungen haben. Paracelsus bemerkte auch, dass Stoffe, die schon in geringen Dosen hochgiftig sind, in noch kleineren Einheiten heilend wirken können. Ein Beispiel hierfür ist das Gift Aconitin des Eisenhuts. Schon 0,2 Gramm können tödlich sein, bei noch kleineren Dosen kann man seine heilende Wirkung bei bestimmten Nervenkrankheiten nutzen (ROTH, DAUNDERER & KORMANN 1994). Erst nach Überschreiten einer kritischen Dosis schlägt die Wirkung um und der Stoff führt zu einer Vergiftung. Die Grenze ist dabei fließend und auch im Alltag von Bedeutung. Ein Beispiel dafür ist das Kochsalz. Es ist unter anderem ein lebensnotwendiger Bestandteil in der Gewebeflüssigkeit und im Blut. In früheren Zeiten war es ein Mangelstoff. Doch heute wird häufig zuviel Kochsalz aufgenommen, wodurch es im Blut und in der Gewebeflüssigkeit gespeichert wird. Das führt dazu, dass mehr Wasser im Blut und Gewebe gespeichert ist. Die Folge ist eine Erhöhung des

Blutdruckes. Durch diesen werden ab einer bestimmten Dauer die Wände der Blutgefäße geschädigt. Auch das Herz wird durch den erhöhten Blutdruck und das höhere Pumpvolumen stark belastet (BOTSCH 1971). Neben diesem Mechanismus sind noch andere bekannt, die bei zuviel Kochsalz schädigen.

Die Erkenntnis, dass die Dosis die Wirkung eines Stoffes alleine bestimmt ist nicht ausreichend. Eine kumulative Wirkung, bei der die Kombinationswirkung zweier Stoffe zu einer Vergiftung führt, lässt sich mit diesem Phänomen nicht erklären. Alkohol und Medikamente dürfen aus diesem Grund nicht zusammen eingenommen werden (FISCHER 1989). Die Dosen beider Stoffe zusammen bestimmen die Giftwirkung. Das gleiche Gift und die gleiche Dosis kann bei zwei Menschen zudem unterschiedliche Folgen haben, da es bei der Wirkung auch auf Gewicht, Alter, Gesundheitszustand, manchmal sogar auf die geistige Verfassung (bei Rauschgiften) ankommt. Ein weiterer wichtiger Aspekt ist die Gewöhnung. Einige Enzyme können die Giftigkeit eines Stoffes verringern. Werden bestimmte Gifte über einen längeren Zeitraum in kleinen Dosen eingenommen, können die Enzyme schneller und in einer größeren Menge gebildet werden (DENKOW 2001). Eingangswege für die Gifte sind der Magen-Darm-Trakt, die Haut (teilweise Wunden) oder die Lunge. Auch der Eingangsweg kann über die Giftwirkung entscheiden.

Das Gift Curare wird von einigen Indianerstämmen Südamerikas zum Vergiften von Pfeilen genutzt. Bei Verletzungen durch einen solchen Pfeil gelangt, Gift in die Blutbahn und Tiere und Menschen sterben. Wird aber Curare gegessen passiert es den Magen und wird erst im Darm ins Blut aufgenommen, Bei diesem Eingangsweg wird das Gift Curare (durch die Magensäure) weitgehend entgiftet und kann erst in sehr hohen Dosen zu Vergiftungen führen. Aus diesem Grund können mit vergifteten Pfeilen erlegte Tiere ohne Bedenken verzehrt werden (KROEBER 1949).

In der Umgangssprache wird mit dem Wort „giftig" vor allem ein Stoff beschrieben, der im Alltag zu einer Vergiftung führt. Losgelöst vom Standpunkt des Menschen kann aber mit dem Begriff „Gift" auch ein Stoff bezeichnet werden, der zu Vergiftungen von Tieren und Pflanzen führt. Die Wirkung eines Giftes kann sich je nach Tier- und Pflanzenart beachtlich unterscheiden. Für ein Tier kann eine Pflanze eine giftige, gefährliche Wirkung haben, beim Menschen aber zur normalen Ernährung gehören. Die Küchenzwiebel (Allium cepa) ist für uns ein Gemüse, für Rinder aber kann sie tödlich sein, da sie zu Blutauflösung führt (HABERMEHL & ZIEMER 1999).

Der Begriff „Gift" ist mehrfach relativ in Bezug auf Dosis, körperlichen Zustand, Individuum, Art etc. **In der vorliegenden Arbeit wird unter Gift ein Stoff verstanden, der im Alltag eine Vergiftung (auch Allergie) bei Menschen hervorrufen kann.**

3.3 Biologie ausgewählter Giftpflanzen und Gifttiere

3.3.1 Vorbemerkungen

Die dieser Arbeit zugrunde liegende Systematik und Namensgebung der Pflanzen richtet sich nach der Exkursionsflora von Deutschland, W. Rothmaler (Jena 1996). In der Systematik der Tiere beziehe ich mich auf Brohmer P. (Begründer), M. Schaefer (Herausgeber), die Fauna von Deutschland, Wiebelsheim, 2000, Aufl. 20 und Stresemann, E. (Begründer), H.-J. HANNEMANN, B. KLASUNITZER, K. SENGLAUB, K. (Herausgeber), Exkursionsfauna von Deutschland, Spektrum Heidelberg, 2000, Aufl. 9.

3.3.2 Gliederungsprinzipien

Die Arbeit hat einen monografischen Ansatz. Im Gegensatz zur fachlichen Systematik sind die Tiere und Pflanzen dabei vollkommen neu geordnet. Bis in die 60er Jahre hinein war der Biologieunterricht vor allem nach der Taxonomie[4] ausgerichtet. Dieses Ordnungskriterium herrscht auch in den Fachbüchern der Giftpflanzen, wie „Giftpflanzen" (FROHNE & PFÄNDER 1997) oder „Mitteleuropäische Giftpflanzen" (HABERMEHL 1999) vor. Der Vorteil einer solchen Einteilung ist eine klare Abfolge der einzelnen Arten (BERCK 2001). Gegen eine solche fachliche, sachlogische Gliederung sprechen allerdings verschiedene Gründe. Die Schüler sind mit dieser Gliederung in der Unter- und Mittelstufe kaum vertraut. Sie entspricht nicht ihrem Wissen und ihrer Lebenswirklichkeit. Die systematische Ordnung richtet sich nicht an die Schüler, sondern an den Sachkundigen, dem ein klarer Einordnungsrahmen für die ihm verfügbare Faktenfülle geboten wird. Der Schüler hat diesen Faktenhintergrund nicht. Die sachlogische Abhandlung ist zu abstrakt für ihn und geht über seinen Kopf hinweg (vgl. SCHMIDT 2001). Aus diesem Grund wurde in der vorliegenden Arbeit ein neues Ordnungskriterium aus dem Alltag der Schülern geschaffen, das die Schüler interessieren und zu eigenen Beiträgen anregen soll. Die Arten wurden dazu nach der Art und Weise geordnet, wie sie bei Menschen zu Vergiftungen führen. Im folgenden sollen die Kriterien der Gliederung kurz erläutert werden.

---

[4] Die Taxonomie befasst sich mit der Klassifizierung der Lebewesen in die systematischen Kategorien, den sogenannten Taxa (Reich, Stamm, Klasse, Ordnung ...).

Gliederungsprinzipien Pflanzen

1) Vergiftungen durch Berühren
Bei einigen Pflanze reicht der Kontakt mit Blatt, Stengel oder Blüte aus, um sich zu vergiften. Das kann passieren, wenn man zufällig eine bestimmte Pflanzenart streift, aber auch beim Pflücken einiger Blumenarten.

2) Vergiftungen durch Naschen auffallender Samen und Früchte
Im Alter von etwa 1 bis 5 Jahren stecken Kinder alle Gegenstände, die sie ergreifen können, zunächst in den Mund (HESSE 1998). Sie entdecken ihre Welt durch Lutschen und Kauen. Auch Giftpflanzen in ihrer Nähe, wie beispielsweise auffallende Früchte und Samen, werden auf diese Weise untersucht. Der Geschmackssinn ist in dieser Phase der Entwicklung noch nicht vollkommen ausgeprägt, so dass sie auch Pflanzen essen, die Ältere durch ihren Geschmack vom Verzehr abhalten. Meist sind es keine Giftpflanzen aus der Natur, sondern solche, die sich im Haus oder im Garten, also in ihrer unmittelbaren Umgebung befinden. Mit Kindern ist in diesem Alter noch kein Gefahrentraining möglich (FROHNE & PFÄNDER 1997). Giftige Pflanzen müssen deshalb von ihnen ferngehalten werden. Sind die Kinder älter, probieren sie gerne aus. Sie spielen beispielsweise Kochen mit Blüten und Früchten. Gerne nehmen sie Pflanzenteile, die sehr auffällig sind, oder solche, die Ähnlichkeiten mit vertrauten, essbaren Pflanzen haben. Dabei gelangen auch Giftpflanzen in ihren „Kochtopf" (HESSE 1998) und werden im Spiel gegessen.
Durch die große Angst vor dieser Art der Vergiftungen habe ich mich entschlossen, die Arbeit um ein Kapitel „Verhalten bei

Pflanzenvergiftungen durch Naschen auffallende Samen und Früchte" zu erweitern.

3) Vergiftungen bei Nutzung als Nahrungs-/ Heilmittel

Kinder und Erwachsene verwechseln gelegentlich essbare Pflanzen, die sie zum Verzehr sammeln, mit Giftpflanzen. Im Herbst geschieht das besonders häufig beim Beerensammeln (KIEFER 1989), aber auch bei anderen Gelegenheiten kommen solchen Verwechslungen vor. Grund hierfür ist vor allem Leichtsinn. Durch bessere biologische Kenntnisse lassen sich solche Vergiftungen vermeiden.

4) Vergiftungen bei Nutzung als Rauschgift

Im Gegensatz zu den anderen Punkten handelt es sich hierbei um ein bewußtes Vergiften. Insbesondere Jugendliche, aber auch Erwachsene, nutzen einige Pflanzenarten, um sich zu berauschen.

Gliederungsprinzipien Tiere

1) Vergiftungen durch Berühren

Das Gift wird in diesem Fall meist durch Drüsen in der Haut des Tieres produziert. In der Regel kommt es nur zu Problemen, wenn das Gift in die Augen gelangt.

2) Vergiftungen durch Beißen

Drüsen stellen das Gift im Mund her. Das Gift wird über die Zähne in das Opfer injiziert.

3) Vergiftungen durch Stiche

Stiche sind eine recht häufige Art der Vergiftung. Gift wird durch Drüsen im Hinterleib hergestellt. Das Gift wird mit Hilfe eines Stachels in das Opfer injiziert.

4) Sonderfall

Als Sonderfall wird die Waldameise beschrieben. Im Gegensatz zu verwandten Arten kann sie nicht mehr stechen. Ihr Giftstachel hat sich im Laufe der Evolution zurückgebildet. Ihr Gift wird aber wie bei den Arten mit Stachel im Hinterleib hergestellt und auch genutzt.

3.3.3 Biologie ausgewählter Giftpflanzen

3.3.3.1 Vergiftungen durch Berühren

3.3.3.1.1 Große Brennessel

(Urtica dioica)

Familie: Brennesselgewächse (Urticaceae)

Wuchs: Hemikryptophyt, meist etwa 70 cm hoch

Blüte: unscheinbare, kleine Blüten

Blütenstand: Rispe

Früchte: kleine Nüsse

Blatt: länglich, zugespitztes Blatt

Abb. 1: Große Brennessel (DÖRFLER & ROSELT 1997). Im Gegensatz zur ähnlichen Kleinen Brennessel hat die Große Brennessel längere Blütenrispen als Blattstiele, bei der Kleinen Brennessel sind die Blütenrispen kürzer als die Blattstiele.

Die Große Brennessel kommt in feuchten Wälder, Waldrändern aber vor allem an Bach- und Flussufern, sowie in den Aubereichen vor. Besonders gut und häufig wächst sie auf nährstoffreichen Böden (DÜLL & KUTZELNIGG 1994). Oft sieht man sie deshalb auf überdüngten Wiesen und an Wegrändern. An den Wegrändern weist das gehäufte Auftreten auf den Eintrag von Hundekot und andere organische Abfälle hin (OEHMIG 1991). In R. ist sie sehr häufig an Wegrändern, auf Wiesen und am Ufer des Rheins.

Die Pflanze blüht etwa von Juni bis August. Sie ist zweihäusig[5]. Die männlichen Blüten besitzen vier Staubblätter, deren Staubbeutel unter dem verkümmerten (sterilen) Fruchtknoten ist. Sind die Staubblätter reif, schnellen sie aus den Blüten hervor und geben Pollen in die Luft ab und bestäuben die weiblichen Blüten. Diese besitzen zwei kurze äußere und zwei lange innere Perigonteile und einen oberständigen Fruchtknoten. Nach der Bestäubung bzw. nach der Befruchtung bildet sich eine kleine Nuss. Die Nuss ist von der Blüte umhüllt und durch Lufteinschluss sehr leicht. Dadurch wird sie durch den Wind verbreitet (OEHMIG 1991).

Abb. 2: a männliche Blüte: links unreife Staubbeutel, rechts reife Staubbeutel (EWALD & VENZEL 1983) b weibliche Blüte (EWALD & VENZEL 1983).

---

[5] Eine Pflanze hat entweder nur weibliche Blüten oder nur männliche Blüten.

Fast jeder hat unangenehme Erinnerungen an die Brennessel. Schon beim zufälligen Vorbeistreifen mit nackter Haut gelangt Gift der Brennessel in den Körper und verursacht juckende Pusteln. Gegen Pflanzenfresser ist diese Eigenschaft ein effektiver Fraßschutz. Auf Wiesen mit Kühen kann man oft Brennessel-Horste erkennen, die nicht von ihnen gefressen werden (FEY 1996). Bei einigen Insekten ist das Gift weniger nützlich. Viele Raupen der Schmetterlinge wie beispielsweise der Kleine Fuchs (Aglais urticae) ernähren sich von den Blättern (FEY 1996).

Das Gift wird mit Hilfe von Brennhaaren injiziert. Ein Brennhaar ist an der Spitze köpfchenartig erweitert. Kurz vor dem Köpfchen ist die Zellwand sehr dünn (Sollbruchstelle). Streift man an der Brennessel vorbei bricht das Köpfchen ab und eine scharfe Spitze entsteht. Diese dringt leicht in tierisches Gewebe ein. Zusätzlich wird der flaschenartige untere Teil des Brennhaares (Bulbus) bei der Berührung zusammengedrückt. Dadurch wird Gift in das Gewebe injiziert (BRAUNE, LEMAN & TAUBERT 1994). Bei einem schnellen und festen Zupacken werden die Spitzen umgebogen und die Spitzen können nicht in die Haut eindringen (OEHMIG 1991).

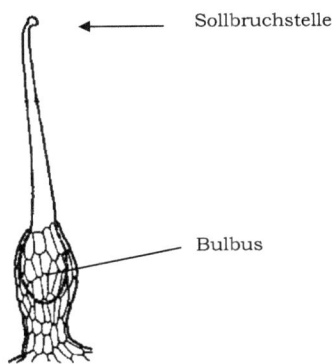

Sollbruchstelle

Bulbus

Abb. 3: Brennhaar einer Brennessel (nach BRAUNE, LEMAN & TAUBERT 1994).

Das Gift ist ein Gemisch aus Histamin, Acetylcholin, Natriumformiat und anderen Stoffen. Das Acetlycholin bewirkt eine lokale Lähmung der Stelle. Das Natriumformiat ist für das Brennen in der Wunde verantwortlich. Das Histamin bewirkt die Erweiterung der Blutgefäße und es kommt zu einer lokalen Rötung. Nach kurzer Zeit entsteht dann Quaddel im Bereich der Rötung (OEHMIG 1991).

Die Brennessel ist eine sehr alte Nutzpflanze. Im Mittelalter wurde die Wirkung der Brennhaare gegen Rheuma verwendet, indem man die Haut mit frischen Brennesseln peitschte. Die Spitzen junger Brennesseltriebe sind ein nahrhaftes, wohlschmeckendes und vitaminreiches Gemüse und können als Salat gegessen werden (DÜLL & KUTZELNIGG 1994). Als Tee wird die Brennessel zur Anregung des gesamten Stoffwechsels getrunken, beispielsweise um die Frühjahrsmüdigkeit zu vertreiben (PHALOW 1993).

3.3.3.1.2 Riesen-Bärenklau

(Heracleum mantegazzianum)

Familie: Doldengewächse (Apiaceae)

Wuchs: riesiger bis 4 m hoher Hemikryptophyt

Blüte: nektarführende, weiße Scheibenblume

Blütenstand: Dolde

Früchte: geflügelte Doppelachänen

Abb. 4: Riesen-Bärenklau (FROHNE & PFÄNDER 1997). Durch den riesigen Wuchs ist der Riesen-Bärenklau leicht zu erkennen. Im Gegensatz zum kleineren ähnlichen Wiesen-Bärenklau ist der Stengel rot gesprenkelt.

Der Riesen-Bärenklau wächst gut auf feuchten, nährstoffreichen Böden mit sonnigen Bereichen. Häufig findet man ihn am Flussufer oder in der Aue, aber auch oft an Autobahnen und Straßenrändern (FEY 1994). In R. kommt er nur an wenigen Standorten vor. Ein Standort befindet sich am Ortsausgang an der B 57. Die Pflanze wächst an der Trasse zur Bundesstraße, an einem Fahrradweg.

Der Riesen-Bärenklau ist ein Neophyt, seine Heimat ist der Kaukasus. Der Riesen-Bärenklau wurde als Zierpflanze am Ende des 19. Jahrhundert in Mitteleuropa eingeführt (HABEMEHL & ZIEMER 1999). Die Pflanzen starben damals nach zwei Jahren ohne sich vermehrt zu haben. Erst am Anfang des 20. Jahrhunderts begann sich der Riesen-Bärenklau langsam in der Wildnis auszubreiten. Vor etwa 40 Jahren kam es zu einer weiteren Veränderung. Die Pflanze begann sich explosionsartig zu vermehren (FEY 1996). An manchen Standorten ist der Riesen-Bärenklau heute die dominierende Pflanze. Es bilden sich teilweise große „Bärenklau-Wälder" aus, in denen nur wenige andere Pflanzen vorkommen.

Der Riesen-Bärenklau ist eine zweijährige Pflanze. Im ersten Jahr bildet sie eine Rosette aus, im zweiten Jahr blüht sie mit einem doldigen Blütenstand. Die Dolde ist aus mehreren hundert Einzelblüten zusammengesetzt und kann einen Durchmesser von 1m erreichen (DÜLL & KUTZELNIGG 1994). Die Blüten sind kleine, weiße, nektarführende Scheibenblumen. Bei ihnen reift zuerst der Staubbeutel und danach bildet sich die Narbe. Die Selbstbestäubung wird so verhindert. Auf der Pflanze sieht man Fliegen, Käfer und Wespen, die die Pflanze bestäuben (DÜLL & KUTZELNIGG 1994). Es sind nektar- und pollensuchende Insekten. Ist die Blütezeit vorbei, haben sie durch die Monodominanz des Bärenklau kaum andere Alternativen, um Nahrung zu finden (FEY 1996). Neben der Verarmung der

Pflanzenwelt kommt es deshalb auch zu einem Verarmen der Tierwelt.

Die Früchte des Bärenklau reifen vom August bis zum September. Eine einzige Dolde einer Pflanze kann dabei bis zu 27.000 Früchte bilden. Die Samen fallen in einem Umkreis von wenigen Metern um sie auf den Boden. Die großräumige Verbreitung erfolgt über Wasser und Wind. Die Früchte sind schwimmfähig, was die häufige Verbreitung in der Aue mit erklärt. Durch den Fahrtwind von Autos und Zügen werden die leichten Früchte auch entlang von Straßen und Eisenbahnlinien verbreitet.

Schon beim leichten, zufälligen Berühren der Riesen-Bärenklau kann es zu Vergiftungen kommen. Die Giftwirkung wird durch Sonneneinstrahlung hervorgerufen (fototoxisch) und führt zu juckenden Hautentzündungen und Blasen. Sie ähnelt Verbrennungen und Verätzungen, die erst nach Wochen verheilen. Dabei verbleiben häufig auch Narben (ROTH, DAUNDERER & KORMANN 1994). Besonders schwerwiegende Vergiftungen können sich Kinder zuziehen, die die hohlen Stengel als Fernrohr vor die Augen, oder als Blasrohr vor den Mund halten (FEY 1994). Die Vergiftungen werden durch die Furocumarine verursacht. Die Furocumarine gelangen in die Hautzelle und lagern sich in der DNS an. Kommt Licht hinzu, werden sie in die DNS eingebaut, und die Zelle kann ihr Erbgut nicht mehr ablesen. Die Zellen sterben ab (FROHNE & PFÄNDER 1997). Befindet sich Saft vom Riesen-Bärenklau auf der Haut, sollte die betroffene Hautstelle abgedeckt und ein Arzt aufgesucht werden.

Naturschützer bekämpfen die gefährliche, sich massenhaft ausbreitende Pflanze. Für die Bekämpfung ist geschlossene Kleidung nötig. Der günstigste Zeitpunkt für die Bekämpfung ist der Herbst (September bis Oktober), oder das Frühjahr (Mai bis Juni). Die Rosette der Pflanze wird ein paar Zentimeter unter der Erde von der Wurzel abgetrennt und umgeworfen. Weder die Wurzel noch der Spross können sich davon erholen. Wird im Herbst bzw. Frühjahr nachgearbeitet, kann die Verbreitung gestoppt werden.

3.3.3.1.3 Efeu

(Hedera helix)

Familie: Araliengewächse (Araliaceae)

Wuchs: immergrüne Kletterpflanze bis maximal 20 m

Blatt: gelappte und/ oder spitz-eiförmige Blätter

Blüte: unscheinbare, grünliche Scheibenblume

Blütenstand: Dolde

Früchte: schwarze Beeren

Blüten

Früchte

Abb. 5: Efeu (nach CHINERY 1986).

Efeu wird gerne als Bodenbedecker für lichtarme Stellen im Garten oder Park angepflanzt. Auch als Fassadenbegrüner wird er seit langer Zeit in Privatgärten und öffentlichen Grünanlagen genutzt. Natürlich wächst Efeu in krautreichen Laubwäldern mit nährstoffreichen, lockeren Lehmböden (DÜLL & KUTZELNIGG 1994). Efeu kommt an der Schule am Gebäude der Bücherei und verschiedenen weiteren Gebäuden, wie auch am Friedhof vor.

Will man, dass Efeu sich nicht überall ausbreitet, muss er häufig zurückgeschnitten werden. Beim Schneiden von Efeu treten dabei manchmal allergische[6] Hautreaktionen auf, die von dem Stoff Falcarinol ausgelöst werden sollen (FROHNE & PFÄNDER 1997).

Der immergrüne Efeu gilt in der germanisch-keltischen Kultur als Symbol für das ewige Leben. In der griechisch-römischen Kultur steht er als Symbol für Heiterkeit, Geselligkeit und Freundschaft. Efeublätter und Efeukränze waren bei den Griechen Dionysos, bei den Römern Bacchus geweiht (KROEBER 1949). Im Sommer gelangt in der Regel nur wenig Licht durch das Blätterdach zum Efeu. Seine Fotosyntheseleistung ist zu dieser Zeit sehr gering . Vielmehr nutzt die Pflanze die laubfreie und daher für sie sonnenreichere Zeit, um mit ihren immergrünen Blättern im Winter Fotosynthese zu betreiben (STORCK 1992). Der Frost stellt für die Pflanze keine Gefahr dar, da der Anteil des freien Wassers in den Zellen des Efeus reduziert und an Eiweiße gebunden wird (freies Wasser gefriert schneller). Dadurch können sich kaum Eiskristalle bilden, die die Zellen zerstören, und die Zellen in den Efeublättern können noch bei Temperaturen unter Null überleben (STORCK 1992).

Efeu klettert mit Hilfe seiner Wurzeln in die Höhe. Die Kletterwurzeln haften sowohl an Bäumen als auch an Felsen oder Mauern. Bei Kontakt zur Erde werden die Kletterwurzeln

---

[6] Als Allergie bezeichnet man die Überempfindlichkeit des Immunsystems auf einen Stoff.

zu normalen Nährwurzeln (DÜLL & KUTZELNIGG 1994). Efeu kann beim Wachsen an Mauern Schäden verursachen. Sind kleine Risse in den Gemäuern vorhanden, wachsen die Wurzeln hinein und durch Dickenwachstum sprengen sie das Gestein (NIEMEYER–LÜLLWITZ 2000). Neben den unterschiedlichen Wurzeltypen besitzt Efeu verschiedene Blattformen.

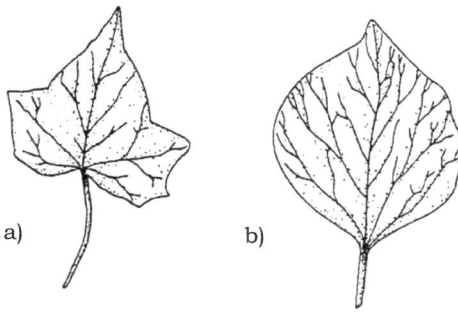

a) b)

Abb. 6: a Schattenblatt (DÜLL & KUTZELNIGG 1994) **b** Sonnenblatt (DÜLL & KUTZELNIGG 1994).

Während die gelappten Blätter im Schatten wachsen, bilden sich die ungelappten nur im Licht. Werden Stecklinge mit nur einem Blatttyp gezogen, behalten sie den einen Blatttyp bei (DÜLL & KUTZELNIGG 1994). Nur an den ungelappten Blättern bilden sich Blüten (STORCK 1992). Efeu ist ein Spätblüher, welcher von September bis Dezember blüht. Er wird vor allem von Fliegen und Wespen stark besucht und durch sie bestäubt. Im März und April reifen die Beeren vom Efeu (DÜLL & KUTZELNIGG 1994). Von diesen Beeren geht eine gewisse Gefahr aus. Da Efeu häufig im Garten gepflanzt wird, ist er unter Umständen für Kinder leicht zugänglich. So probieren sie manchmal die schmackhaft aussehenden schwarzen Beeren. Diese schmecken allerdings bitter, so dass kaum größere Mengen aufgenommen werden.

Ernsthafte Vergiftungen sind in den letzten Jahrzehnten nicht aufgetreten (ROTH, DAUNDERER & KORMANN 1994).

Beim Menschen verursacht das Essen von Beeren Magen-Darm-Reizungen und Blutauflösung. Hierfür sind Saponine verantwortlich, deren Wirkung mit ihren Oberflächen-Eigenschaften zusammenhängt. Sie greifen die Membranen der Magen- bzw. Darmzellen an und zerstören sie dadurch. Im Blut verändern sie zudem die Membranen der Roten Blutkörperchen. Das Hämoglobin tritt aus, und die Zellen können keinen Sauerstoff bzw. Kohlendioxid mehr aufnehmen (FROHNE & PFÄNDER 1997).

Efeu ist eine sehr alte Heilpflanze. In der Medizin wird das Saponin heute noch für die Behandlung von Keuchhusten genutzt.

3.3.3.1.4 Roter Fingerhut

(Digitalis purpurea)

Familie: Braunwurzgewächse (Scrophulariaceae)

Wuchs: 0,7 bis 1,5 Meter hohe Staude

Blatt: große, längliche, netzartig geaderte Blätter

Blüte: rote, fingerhutähnliche Rachenblume

Blütenstand: Traube mit 50 bis 100 Blüten

Früchte: wandspaltige Kapseln

Abb. 7: Fingerhut (DÖRFLER & ROSELT 1997). Die Pflanze ist leicht an den roten, fingerhutähnlichen Blüten zu erkennen.

Die Pflanze wächst sehr schnell in großen Mengen im Wald, wenn durch Kahlschlag oder Sturm Licht auf den Waldboden fällt (DÜLL & KUTZELNIGG 1994). Der Fingerhut benötigt Licht, um zu keimen. Fingerhut wird auch gerne als attraktive Zierpflanze im Garten und Park angepflanzt. In R. blühte Fingerhut an verschiedenen Standorten.

In Deutschland ist der Fingerhut heute eine sehr häufige Pflanze. Durch ihre Erscheinung, ihre Giftigkeit und ihre Heilkraft ist sie sehr bekannt und auffallend. Um so mehr verwundert es, dass die Pflanze im Altertum und im Mittelalter nicht in Büchern erwähnt wird. Erst in der Neuzeit taucht sie bei Leonhardt Fuchs im Buch „De historia stripin" auf (1554). Eine mögliche Erklärung dafür ist, dass es die Pflanze bis zu dieser Zeit hier nicht gab. Es wird vermutet, dass sie aus England oder Skandinavien stammt (DENKOW 2001).

Die Pflanze ist zweijährig, seltener auch mehrjährig. Im ersten Jahr bildet sie eine grundständige Blattrosette aus. Im zweiten Jahr wächst ein Spross mit Laubblättern und unverkennbaren Blüten (KROEBER 1949).

Die Blüten sind in Trauben angeordnet. Die unteren Blüten einer Traube öffnen sich zuerst. Die Blüte ist am Anfang männlich und wird nach einiger Zeit weiblich. Wenn die unteren Blüten das zweite Stadium erreicht haben und weiblich sind, öffnen sich die oberen, die zu Beginn ebenfalls männlich sind.

Schaut man sich jetzt die Bestäuber, die Hummeln an, stellt man fest, dass Hummeln sich immer von unten nach oben vorarbeiten. Durch die Abfolge im Geschlecht und das Sammeln der Hummeln von unten wird eine Selbstbestäubung verhindert (DÜLL & KUTZELNIGG 1994).

Manchmal sind an den Blüten kleine Löcher am Rand zu erkennen. Diese Löcher werden von Wildbienen-Arten hineingebissen. Sie können durch die sogenannten Speerhaare nicht in die Blüte krabbeln. Um trotzdem Nektar zu erhalten, beißen sie ein Loch in die Blüte und gelangen so hinein. Bei diesem Vorgehen nehmen sie keinen Pollen auf und tragen nicht zur Bestäubung bei. Im Herbst bildet der Fingerhut eine Kapsel mit Spalten aus. Schwenkt der Wind die Pflanze hin und her, werden die unzähligen Samen ausgestreut (DÜLL & KUTZELNIGG 1994).

Der Fingerhut gilt bei vielen Menschen als die Giftpflanze schlechthin. Ihre Blüten sind sehr charakteristisch, so dass die Pflanze leicht erkannt wird. Die Pflanze selbst schmeckt sehr bitter und schreckt vom Verzehr ab. Zwei bis drei Blätter würden jedoch genügen, um einen Menschen zu töten (FROHNE & PFÄNDER 1997). Eine zufällige Vergiftung durch die Verwechslung mit einem Nahrungsmittel ist damit fast ausgeschlossen. In der Natur bietet die Bitter- und Giftigkeit einen sehr guten Fraßschutz vor weidenden Tieren und Insekten. Eine Gefahr stellt der Fingerhut als Blume dar. Schon kleine Mengen an Saft können Vergiftungserscheinungen hervorrufen, wenn kleine Wunden in der Haut vorhanden sind. Der attraktive Fingerhut sollte deshalb auf keinen Fall gepflückt und als Vasenpflanze verwendet werden.

Das Gift führt zur Verlangsamung des Herzschlages und schließlich zum Herzstillstand. Daneben kommt es zu Sehstörungen und häufig zum Erbrechen (ROTH, DAUNDERER & KORMANN 1994). Hervorgerufen werden diese Reaktionen durch die Digitalis-Glykoside, hauptsächlich das Digitalin (DAUNDERER 1995). Die Digitalis-Glykoside setzen im Blut Blausäure frei. Die Blausäure bindet sich an verschiedene Enzyme. Betroffen sind dabei vor allem Enzyme der Atmungskette, es wird kein ATP[7] mehr gebildet. Hiervon ist die Herzmuskulatur durch ihren großen ATP-Bedarf als erstes betroffen (HESSE 1989). In einer genau dosierten Menge hilft Digitalis hingegen dem Herzen.

---

[7] Das ATP (Adenosin-Tri-Phosphat) ist der Energieüberträger in Lebewesen. Vorgänge, die Energie verbrauchen, nutzen die Energie, die beim Zerfall von ATP zu ADP und P (Adenosin-Di-Phosphat und ein freies Phosphat) frei wird.

Richtig dosiert, lässt das Medikament das Herz regelmäßiger Schlagen und erhöht die Pumpleistung (PAHLOW 1993). Eine Selbstbehandlung mit Fingerhutblättern ist jedoch lebensgefährlich!

3.3.3.2 Vergiftungen durch Naschen auffallender Samen und Früchte

3.3.3.2.1 Eibe

(Taxus baccata) **Besonders geschützte Art**

Familie: Eibengewächse (Taxacae)

Wuchs: immergrünes Nadelgebüsch meist nur wenige Meter hoch, besitzt keinen Hochstamm

Blatt: weiche, flache Nadeln, die Oberseite ist glänzend, die Unterseite matt

Blütenstand: Einzelblüten (zweihäusig)

Samen: nussähnlicher Samen umhüllt von einem roten Arillus[8]

Abb. 8: Eibe (CHINERY 1986). Der weibliche Baum unterscheidet sich unverkennbar durch den roten Arillus von anderen Nadelholzpflanzen.

---

[8] Mit Arillus wird der fleischige rote Mantel bezeichnet, der den Samen umgibt. In der Alltagssprache wird die Frucht gewöhnlich als „Beere" bezeichnet. Es ist aber keine Beere. Die weibliche Eibe besitzt keinen Fruchtknoten, der den Samen vollständig umhüllt (Nacktsamer).

Nur noch selten kann die Eibe als schattenertragende Art im Unterholz der Laubmischwälder gesehen werden. Sie ist aber häufig in Parks und Gärten zu finden. In der Umgebung des Gymnasiums wachsen sehr viele Eiben, die eigens angepflanzt worden sind. In besonders großer Anzahl sind sie auch auf den Friedhöfen der Stadt anzutreffen. Die Häufung von Eiben auf Friedhöfen hängt mit ihrer Symbolik zusammen. Sie stehen dort zum einen als Symbol für Unsterblichkeit und zum anderen für den Tod. In der germanisch-keltischen Mythologie stehen alle immergrünen Pflanzen für das ewige Leben (BRAUNER & LEFERING 2002). In der griechisch-römischen Kultur war die Eibe der Baum der Trauer, sie war den Todesgöttern geweiht (KROEBBER 1949). Die ganze Pflanze ist, mit Ausnahme des zur Verbreitung dienenden Arillus, hochgiftig. Viele Selbstmörder im Altertum griffen auf das Gift zurück. Etwa 50 bis 100 abgekochte Nadeln reichen als Dosis aus (DENKOW 2001), um einen – allerdings unangenehmen – Tod zu finden (siehe unten). Die besonders giftigen Nadeln wurden auch von den Kelten als Auszüge verwendet, um ihre Pfeile und Lanzen zu vergiften (HABERMEHL & ZIEMER 1999).

Normalerweise verhindert das Gift den Fraß der Pflanze, aber bei Pferden, Wiederkäuern und Schweinen kommt es durch die Eibe häufig zu Vergiftungen. Es schmeckt für sie nicht bitter. Die Tiere besitzen für den Wirkstoff Taxin keine Warnmechanismen. Sie fressen deshalb auch die Eibe, was für die Tiere schon in geringen Mengen tödlich ist. Dabei sind Pferde sehr viel empfindlicher als Rinder oder Schweine (HABERMEHL & ZIEMER 1999). Haustiere können somit leicht durch unachtsamen Umgang mit Eibenverschnitt vergiftet werden.

Der Verzehr von Eibennadeln führt zum Tod des Viehs und dürfte mit ein Grund dafür sein, dass die wilde Eibe in Deutschland vom Aussterben bedroht ist. Vor 2000 Jahren war die Eibe ein häufig vorkommender Baum (DÜLL & KUTZELNIGG 1994). In den Hutewäldern und den Viehtriften wurde sie im Mittelalter systematisch vernichtet, um das Vieh und insbesondere die Pferde zu schützen. So wurde die Eibe, bis auf wenige nur schwer zugängliche Steilhänge, im Laufe der Jahrhunderte in den Wäldern ausgerottet. Dass die Eibe weit verbreitet gewesen sein muss, darauf deuten noch heute zahllose Ortsnamen wie Eibenstock, Eibsee, Iba, Ibach, Ibbenbüren, Eiberswalde, Eibau, Eibenschütz, Eibelshausen hin (LEUTHOLD 1980).

Die Eibe blüht im Frühling. Der Baum ist meistens zweihäusig. Die männlichen Blüten befinden sich auf der Unterseite der Zweige mit etwa 6 bis 8 Pollensäcken. Die weiblichen Blüten sind mit einem weiblichen Kurztrieb unauffällig in den Zweigen verborgen. An diesem befindet sich ein Bestäubungstropfen, der den Pollen einfangen soll. Die Bestäubung erfolgt durch den Wind (DÜLL & KUTZELNIGG 1994).

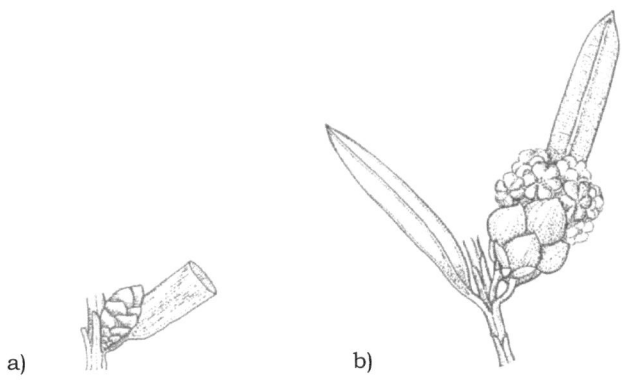

a) b)

Abb. 9: a weibliche Blüte (STRASBURGER 1991). **b** männliche Blüte (STRASBURGER 1991).

Am Gymnasium in R. steht eine etwa 50 jährige Eibe. Sie besitzt sowohl männliche als auch weibliche Blüten. Die Eibe gilt in manchen Lehrbüchern wie DÜLL & KUTZELLNIGG 1994 oder dem ROTHMALER 1996 als zweihäusig. Dass die Bäume nach Jahren auch plötzlich beide Blüten hervorbringen können, bestätigt Kroeber 1949. Im Herbst bilden sich die nussähnlichen Samen. Sie werden vom fleischigen, becherartigen roten Arillus umhüllt. Die Samen sind hochgiftig, der rote Samenmantel (Arillus) ist ungiftig. Der Samenmantel ist sehr süß und dient als Lockstoff für Vögel. Durch ihre schnelle Verdauung können Vögel, wie Drosseln und Stelzen den Arillus und den Samen ohne Schaden fressen. Sie verdauen dabei nur den Arillus, den Samen scheiden sie wieder aus. So sieht man in der Umgebung von alten weiblichen Eiben viele Keimlinge. Einige Vögel und Nagetiere verdauen neben dem Arillus sogar den hochgiftigen Samen (SEBALD et al. 1993).

Kinder werden manchmal dazu verführt, die auffälligen, roten „Beeren" zu essen. Nach Frohne & Pfänder 1997 wird es sehr gefährlich, wenn die Samenschale zerstört ist. Dann wird das Gift freigesetzt und kann aufgenommen werden. Die Folge ist Übelkeit, Schwindelgefühl, Leibschmerzen, Pupillenerweiterung, oberflächliche Atmung und Herzrhythmusstörungen. Bei Aufnahme großer Mengen wird schließlich der Puls verlangsamt, der Blutdruck fällt und der Tod kann durch Atemstillstand oder durch Herzstillstand eintreten (FROHNE & PFÄNDER 1997). Werden die Samen verschluckt, muss der Notarzt in jedem Fall gerufen werden.

Das Gift besteht aus verschiedenen Komponenten. Die Hauptwirkung wird durch ein Gemisch aus verschiedenen Pseudoalkaloiden, zusammengefasst als Taxin, verursacht (HABERMEHL & ZIEMER 1999).

Das feste, langfaserige, biegsame und rotbraune Holz der Eibe war im Mittelalter sehr begehrt. Es wurde hauptsächlich für den

Bogen- und Armbrustbau genutzt (DÜLL & KUTZELNIGG 1994). Eine Ausrottung durch Übernutzung erscheint jedoch nicht logisch. Die Eibe treibt nach dem Abschneiden der Äste, wie es für Bögen und Armbrüste gemacht wurde, wieder aus. Als Heckenpflanze ist sie in England sehr beliebt, was aus ihrer Fähigkeit gut auszutreiben resultiert. Es wäre wünschenswert, wenn der langsam wachsende Baum für die Fauna als Nahrung und Versteck wieder vermehrt im Wald angepflanzt würde.

3.3.3.2.2 Stechpalme

(Ilex auifolium)   **Besonders geschützte Art**

Familie: Stechpalmengewächse (Aquifoliaceae)

Wuchs: immergrüner Strauch, 5 bis 6 m hoch

Blatt: ledrig, ganzrandig bis gebuchtet und mit kleinen Stacheln versehen

Blüte: Scheibenblume (zweihäusig)

Blütenstand: Dichasien

Früchte: rote, erbsengroße Steinfrüchte

a)

b)

Abb. 10: a Blätter mit Blüten (SCHAUER & CASPARI 1996). **b** Blätter mit Früchten (SCHAUER & CASPARI 1996). Durch die ungewöhnlichen Blätter ist der Baum in der Natur unverkennbar.

In der Natur wächst die Stechpalme als Unterholz der Buchenwälder. Sie ist eine Schattenpflanze und verträgt nicht viel Licht. Wird ihr der Schatten der Bäume durch Fällen der Buchen genommen, geht sie ein. Außerdem ist die Stechpalme frostgefährdet. Bei starker Kälte erfrieren Zweige, die nicht vom Schnee bedeckt sind. Der Schnee wirkt isolierend und schützt die Zweige vor der Kälte. Die Pflanze braucht ein wintermildes Klima (DÜLL & KUTZELNIGG). Auf einem Kinderspielplatz in der Nähe der Schule und im Stadtpark befinden sich Stechpalmen. Der Strauch wird gerne als dekorative Pflanze im Park angepflanzt. In unseren Wäldern wirkt sie fremdartig. Hervorgerufen wird dieser Eindruck von ihren ungewöhnlichen Blättern (KROEBER 1949). Die Blätter sind ledrig, die Epidermis ist mehrschichtig glänzend, das bietet einen guten Erwärmungs- und Verdunstungsschutz. Aus diesem Grund ist sie sehr widerstandsfähig gegen Trockenheit (DÜLL & KUTZELNIGG 1994). Ihre Blätter sind unterschiedlich gestaltet. Um die Blüte bzw. um die Frucht sind die Blätter schwach bedornt und fast ganzrandig. An nicht blühenden Ästen sind die Blätter stark bedornt und buchtig.

Die Stechpalme ist zweihäusig. Die weiblichen Blüten sind klein, weiß und scheibenförmig und in der Mitte ist eine rötliche Stelle erkennbar. An dieser Stelle befindet sich eine Nektarquelle. Die Blüten sind in Dichasien in den Blattachseln angeordnet. Die Staubblätter sind mit den Kronblättern verwachsen und fallen zusammen ab. Die Pflanze wird vor allem durch Bienen bestäubt. Im Herbst reifen ihre roten Steinfrüchte, die durch Vögel gefressen werden. Den Samen scheiden sie aus und verbreiten dadurch die Pflanze (DÜLL & KUTZELNIGG 1994).

Die attraktiven Zweige mit den roten Steinfrüchten sind besonders in der Weihnachtszeit sehr beliebt. Aus ihnen werden beispielsweise Dauerkränze hergestellt (KROEBER 1949). Als immergrüne Pflanze galt die Stechpalme, wie die Eibe, bei verschiedenen nordischen Völkern als Symbol für Unsterblichkeit. Heute steht die Stechpalme unter Naturschutz und Pflanzenteile von ihr dürfen in der Natur nicht abgeschnitten und entnommen werden. Von den aus den Zweigen hergestellten traditionellen Dauerkränzen geht vor allem in der Weihnachtszeit eine große Gefahr aus (ROTH, DAUNDERER & KORMANN 1994). Sie liegen vielfach im Wohnzimmer aus. Die Kinder können dabei leicht an die schönen roten Früchte gelangen. Sie spielen in der Wohnung häufig unbeaufsichtigt. Werden einige Früchte beim Spielen gegessen, kann das für Kinder schwere Folgen haben. Dieser leichtsinnige Umgang mit den hochgiftigen Früchten löst Verwunderung aus. Der Grund hierfür könnte im traditionellen Umgang mit der Stechpalme liegen. Sie gehört für viele Menschen zum Weihnachtsfest dazu, ihre Giftigkeit wurde aber im Laufe der Jahre vergessen oder verdrängt. Die Folge sind jedes Jahr wiederkehrende Nachrichten von Vergiftungen von Kindern. Schon beim Essen weniger Früchte treten Vergiftungserscheinungen auf. Es kommt zu Leibesschmerzen, Erbrechen und Durchfall, bei größeren Mengen kann es sogar zu tödlichen Vergiftungen kommen (ROTH, DAUNDERER & KORMANN 1994). In den letzten Jahrzehnten sind jedoch keine tödlichen Vergiftungen aufgetreten (FROHNE & PFÄNDER 1997). Das Gift besteht aus Rutin, Urolsäure und Kaffeesäure aber der genaue Wirkungsmechanismus ist noch nicht geklärt (DAUNDERER 1995).

Das Holz ist sehr hart und gut geeignet für Drechsel- und Einlegearbeiten. Durch das Zerstoßen der Rinde zu einer breiigen Masse, und das Vergären derselben, wurde im Mittelalter ein Leim hergestellt, der zum Vögelfangen genutzt wurde (KROEBER 1949). Als Heilpflanze spielt die Stechpalme nur eine untergeordnete Rolle. Sie wird nur selten als Mittel gegen Grippe, Bronchitis und Rheuma eingesetzt (PAHLOW 1993).

3.3.3.2.3 Goldregen

(Laburnum anagyroides)

Familie: Schmetterlingsblütengewächse (Fabaceae)

Wuchs: bis 7 m hoher Baum

Blatt: kleeähnliches, dreizähliges Blatt

Blüte: goldgelbe Schmetterlingsblüte

Blütenstand: Traube

Früchte: bohnenähnliche Hülsen

a)

b)

c)

d)

Abb. 11:. a Blatt Goldregen (CHINERY 1986) **b** Blüte Goldregen (CHINERY 1986) **c** Frucht Goldregen (CHINERY 1986) **d** Gesamtbild Goldregen. Von der Robinie ist der Baum durch seine goldgelben Blüten zu unterscheiden. Die Robinie hat weiße Blüten.

Durch seine sehr schönen und vielen Blüten ist der Baum bei Gärtnern sehr beliebt und wird häufig in Gärten und Parks angepflanzt. Auf dem Gelände des Gymnasiums wachsen zwei Bäume.

Der Goldregen kam als Zierbaum aus Südeuropa bzw. Südosteuropa nach Mitteleuropa (KROEBER 1949). Mindestens seit dem 16. Jahrhundert ist er in Deutschland zu finden. Der Goldregen ist an ein sonniges, trockenes Klima und kalkige Lehmböden angepasst. Er ist in Deutschland selten verwildert (DÜLL & KUTZELNIGG 1994).

Im April bzw. Mai blüht der Baum mit seinen goldgelben Schmetterlingsblüten, die in Trauben angeordnet sind. Die Blüten werden hauptsächlich durch Bienen und Käfer bestäubt. Die Frucht ist eine längliche, behaarte, bohnenähnliche Hülse. Die Samen des Goldregen ähneln Erbsen. Die Hülse springt bei Trockenheit auf und verbreitet die Samen. Die Streuweite beträgt dabei mehrere Meter (DÜLL & KUTZELNIGG 1994).

Kinder spielen gerne mit den Früchten und Samen. Die starke Ähnlichkeit mit dem gewohnten Gemüse führt dazu, dass sie hin und wieder die Früchte probieren. Die Früchte und Samen sind aber hochgiftig. Die Aufnahme führt meist nach kurzer Zeit (ca.15 Minuten) zu einem heftigen Erbrechen. Daneben kommt es zu Speichelfluss, Übelkeit und Schweißausbrüchen. Unterbleibt das spontane Erbrechen, ist die Vergiftung sehr viel gefährlicher und kann tödlich verlaufen. Das Erbrechen ist ein Abwehrmechanismus des menschlichen Körpers, um die weitere Aufnahme von giftigen Stoffen zu verhindern.

Beim Unterbleiben des spontanen Erbrechens treten Muskellähmungen und Krämpfe auf. Durch Atemlähmung kann der Tod eintreten (HABERMEHL & ZIEMER 1999). Der Goldregen verursacht mit die meisten Vergiftungen bei Kindern. Ist Goldregen gegessen worden, ist umgehend ein Arzt aufzusuchen. In den letzten Jahrzehnten gab es entgegen der häufigen Behauptung in der Presse aber auch durch Goldregen keine tödlichen Vergiftungen (ROTH, DAUNDERER & KORMANN 1994). Um die Gefahr für Kinder zu vermeiden ohne den Baum fällen zu müssen, können die Früchte im Sommer abgeschnitten werden.

Erwachsene verwechseln den Goldregen manchmal mit der Falschen Akazie (Robinia pseudacacia) und benutzen seine Blüten stattdessen zum Würzen. Die Blüten der Falschen Akazie sind jedoch weiß.

Für die giftige Wirkung des Goldregen ist das Alkaloid Cytisin verantwortlich, daneben gibt es noch weitere giftige Stoffe. Das Cytisin wird relativ schnell über den Magen-Darm-Trakt aufgenommen. Es bewirkt zunächst eine Erregung bestimmter Nervenzellen, später hemmt es diese. Die Vergiftungen sind ähnlich einer Nikotinvergiftung (HABERMEHL & ZIEMER 1999). Wegen der vergleichbaren Wirkung mit Nikotin fanden die Blätter in den Weltkriegen Verwendung als Tabakersatz (Kroeber 1949). In der Medizin wird das Cytisin in geringen Dosen bei Operationen und Erstickungsanfällen eingesetzt, um die Atmung oder Nerven anzuregen (DENKOW 2001).

3.3.3.2.4 Pfaffenhütchen

(Euonymus europaea)

Familie: Baumwürgegewächse (Celastraceae)

Wuchs: bis zu 3 m hoher Busch

Blatt: spitz und lang, Oberseite dunkelgrün, Unterseite blaugrün

Blüte: gelbgrüne Scheibenblume

Blütenstand: Dichasie mit 2 bis 9 Blüten

Früchte: karminrote Kapseln

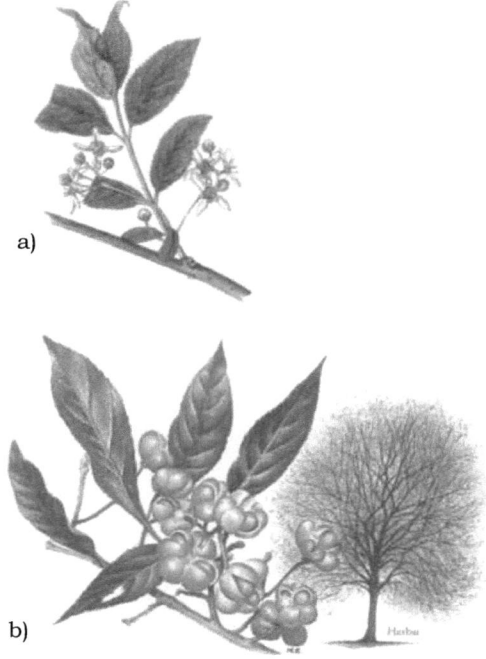

a)

b)

Abb. 12: a Gesamtbild und Früchte Pfaffenhütchen (CHINERY 1986) **b** Blüte Pfaffenhütchen (SCHAUER & CASPARI 1996). Besonders markant ist der Busch durch seine vierkantigen Äste.

Das Pfaffenhütchen wächst gut auf nährstoffreichen und frischen Lehmböden, z. B in der Aue. Es wird wegen seiner schönen Früchte gerne im Garten und in Parkanlagen angepflanzt (DÜLL & KUTZELNIGG 1994). Die Pflanze ist in R. häufig an den Feldrändern anzutreffen. Die Feldränder sind, ähnlich der Aue, nährstoffreich, so dass das Pfaffenhütchen hier gute Bedingungen für sein Wachstum vorfindet.

Die Blüten der Pflanze stehen in wenigen Dichasien. Das Pfaffenhütchen ist „dreihäusig". An einer Pflanze befinden sich männliche, weibliche und zwittrige Blüten. Die Blüten sind recht klein und scheibenförmig. Bestäubt werden sie vor allem von Fliegen (DÜLL & KUTZELNIGG 1994). Die Frucht ist eine vierfächrige karminrote Kapsel, die im September bis Oktober reift. In ihrer Form ähnelt sie der Kopfbedeckung katholischer Geistlicher, dem Barett. Die Früchte werden im September bis Oktober reif. Sie werden häufig von Drosseln und Rotkehlchen gefressen. Das Gift kommt in der ganzen Pflanze, mit Ausnahme der Samenhülle vor. Die Samenhülle dient den Vögeln als Nahrung, den giftigen Samen speien sie nach kurzer Zeit wieder aus. Auf diese Weise verbreiten die Vögel so die Pflanze (HÜLSMEYER 2002).

Kinder werden von den schönen Früchten manchmal zum Probieren veranlasst. Es führt meist erst nach langer Zeit, 12 bis 18 Stunden, zu Beschwerden. Dann kommt es zu schweren Magen-Darm-Erkrankungen, daneben treten Fieber und Kreislaufbeschwerden auf (ROTH, DAUNDERER & KORMANN). Die Giftwirkung wird auf Digitaloide und Alkaloide zurückgeführt. Neben der Giftigkeit für den Menschen sind diese Substanzen ebenso schädlich für Insekten. Die starken Insektizide dienen der Pflanze dabei als Fraßschutz. Im Mittelalter wurde diese Eigenschaft ausgenutzt. Die Samen wurden gepulvert und als Insektizid gegen Läuse und Milben eingesetzt (KROEBER 1949). Das gelbe, feinfaserige, zähe und schwer zu spaltende Holz war sehr begehrt. Es wurde von Drechslern, Bildschnitzern und Instrumentenmachern genutzt, um vor allem Spindeln herzustellen (KROEBER 1949).

3.3.3.2.5 Aronstab

(Arum maculatum)

Familie: Aronstabgewächse (Araceae)

Wuchs: Knollengeophyt, bis 40 cm hoch

Blatt: pfeilförmiges, großes Blatt mit Netznervartur

Blüte: Kessel-Gleitfallenblume

Blütenstand: Kolben

Früchte: rote Beeren

Abb. 13: Aronstab (nach CHINERY 1986).

Der Aronstab braucht nährstoffreiche, feuchte Lehmböden in Laubwäldern, Auwäldern oder an Hecken (DÜLL & KUTZELNIGG 1994). In R. wächst der Aronstab vorwiegend in kleinen Wäldchen und an Hecken. Der violettbraune Blütenstand, ein Kolben, wird von einem kesselartigen Hochblatt umgeben. Im unteren Teil des Kolbens befinden sich die weiblichen und im mittleren die männlichen Blüten. Darüber ist ein Kranz aus Speerhaare (FROHNE & PFÄNDER 1997).

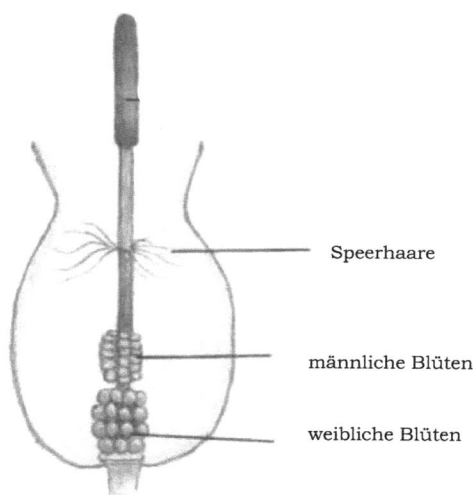

Abb. 14: Schnitt durch einen Blütenstand (CHINERY 1986).

Die Pflanze blüht im Frühjahr nur 24 Stunden lang (SIEGER 1992). Es lassen sich vier Blühphasen unterscheiden. Am Nachmittag gibt das Hochblatt die Blüte frei. Kurz drauf beginnt die Pflanze harnartig riechende Amine zu produzieren, wodurch sie für den Menschen zu stinken beginnt. Die Pflanze produziert durch den Abbau von Stärke sehr viel Wärme, was den Geruch besser verströmen lässt (SIEGER 1992). Mit dem Geruch werden vor allem Schmetterlingsmücken (Psychoda) angelockt. Diese setzen sich an die innere Wand, verlieren durch winzige Öltropfen den Halt und gleiten auf den Boden. Durch die Speerhaare können sie nicht mehr aus der Pflanze entkommen. In der Nacht verschließt das Hochblatt den Blütenstand. Gleichzeitig bilden die weiblichen Blüten einen Bestäubungstropfen an der Narbe. Befinden sich schon Pollen an den Schmetterlingsmücken, wird die Pflanze bestäubt. Die Öl-Tropfen haben daneben noch andere Aufgaben. Sie dienen den Tieren als Nahrung und halten die Luftfeuchtigkeit im Inneren der Pflanze für sie konstant. Im weiteren Verlauf der Nacht geben die männlichen Blüten schließlich Pollen frei, dieser bleibt am Körper der gefangenen Fliegen kleben. Gegen Nachmittag sind die Speerhaare verwelkt und der Ölfilm ist verschwunden, jetzt gelangen die Insekten wieder aus der Blüte (SIEGER 1992). In der nächsten Nacht können sie mit dem Pollen eine weitere Pflanze bestäuben.

Im Herbst werden rote Beeren gebildet. Diese sehen appetitlich aus und schmecken auch süß. Kinder, die die roten Beeren probieren, werden durch den süßen Geschmack verführt, weiter zu essen. Da die Beeren aber, wie die gesamte Pflanze, giftig sind, kommt es durch den Aronstab häufig zu schweren Vergiftungen. Die Vergiftungserscheinungen treten nach circa 30 Minuten auf (FROHNE & PFÄNDER 1997).

Im Mund tritt nach ein paar Minuten eine starke Reizung der Schleimhaut auf, die Zunge „brennt". Ähnlich ist es im Magen-Darm-Trakt. Es treten dort auch Blutungen auf. In den Nieren werden die Nephronen[9] geschädigt. Dadurch kann das Blut schlechter von Giftstoffen gereinigt werden und die Harnausscheidungen verändern sich (ROTH, DAUNDERER & KORMANN 1994).

---

[9] Grundeinheit der Wirbeltierniere durch die Blut gefiltert wird und dabei giftige Stoffe als Harn abgibt.

Hervorgerufen wird die Vergiftung wahrscheinlich durch Aroin und Oxalsäure. Über das Aroin ist wenig bekannt. Bisher ließ es sich nicht isolieren. Es wird vermutet, dass es Zellen vor allem mechanisch schädigt. Daneben beinhaltet die Pflanze noch andere Giftstoffe in geringeren Mengen (HABERMEHL & ZIEMER 1999). Die Oxalsäure bildet kleine, spitze Kristalle. Sie verursachen ebenfalls mechanische Schäden an den Zellen. So lässt sich das Brennen im Mund und die Reizung der Magen-Darmzellen erklären. Bei der Blutfilterung der Nephronen werde auch diese aufgeschlitzt.

Im Gegensatz zu den Beeren schmecken die Blätter bitter. Das bietet normalerweise einen Fraßschutz vor Pflanzenfressern. Im Frühjahr treten aber gelegentlich Vergiftungen beim Weidevieh durch den Verzehr von Blättern auf. Sie werden trotzdem vom Vieh gefressen, weil es zu dieser Zeit wenige andere grüne Pflanzen gibt. Bei ihnen sind sogar tödlich verlaufende Vergiftungen bekannt. Der Wirkungsmechanismus ist der gleiche wie beim Menschen (FROHNE & PFÄNDER 1997).

3.3.3.2.6 Verhalten bei Pflanzenvergiftungen durch auffallende Samen und Früchte

Die erste und wichtigste Regel lautet dabei, wie in Notfällen allgemein:

Ruhe bewahren

Der Ablauf einer Behandlung bei Vergiftungen durch Pflanzen ist der gleiche wie bei jedem anderen Notfall. Gemäß der Rettungskette - Sofortmaßnahmen, Notruf, Erste Hilfe, Rettungsdienst und Krankenhaus - wird mit den Sofortmaßnahmen begonnen (Bewußtseins-, Atmungs- und dann Kreislaufkontrolle).

Diese Rettungskette wird in jedem Erste Hilfe Kurs gelehrt und wird von mir nicht weiter behandelt. Die Abfolge wird außerdem ausführlich in den Broschüren der Malteser und des Deutschen Roten Kreuzes beschrieben, die problemlos über Ortsgruppen bezogen werden können. Es gibt bei Vergiftungen einige zusätzliche Dinge, die man neben dem vertrauten Handeln in der Rettungskette beachten muss. Die giftigen Teile gelangen zunächst in dem Magen-Darm-Trakt und werden dort aufgenommen.

HESSE 1998 empfiehlt deshalb die Einnahme von Aktivkohle, die die Aufnahme von weiteren Giftstoffen verhindert. Folgende Dosierung sollte eingenommen werden:

- Erwachsene: 50 bis 100 g Aktivkohle

- Kinder pro kg Körpergewicht 0,5 bis 1 g Aktivkohle

Erbrechen zu provozieren, wird abgelehnt. In neuen Untersuchungen wurde gezeigt, dass Aktivkohle die gleiche oder eine bessere Wirkung als ein provoziertes Erbrechen hat. Beim Erbrechen findet oft nur eine Teilentleerung des Magen-Darm-Traktes statt. Die radikalste Methode der Giftentfernung, die Magen-Entleerung, wird nur noch bei schweren Giften empfohlen (HESSE 1998). Gewarnt wird vor dem Hausmittel Milch. Milch fördert bei fettlöslichen Giftstoffen die Aufnahme. Auch das Verabreichen von einer Kochsalzlösung ist gefährlich, da das Erbrechen unterbleiben kann und es zusätzlich zu einer Kochsalzvergiftung kommt (FROHNE & PFÄNDER 1997).

Vor einer weiteren Behandlung durch den Arzt ist die Erkennung der Giftpflanze von großem Vorteil. Alle Hinweise über die Art und die aufgenommene Menge der Pflanze sind von großer Bedeutung. Sie entscheiden über den weiteren Verlauf der Behandlung, z. B. über die Gabe von einem Gegengift und die Bekämpfung der Symptome (HESSE 1998).

3.3.3.3 Vergiftungen bei Nutzung als Nahrungs-/ Heilmittel

3.3.3.3.1 Kartoffel

(Solanum tuberosum)

Familie: Nachtschattengewächse (Solanaceae)

Wuchs: Knollengeophyt

Blatt: zusammengesetztes Blatt

Blüte: nektarlose Glockenblume, Krone weiß oder violett, die Staubblätter sind gelb

Blütenstand: Wickel

Früchte: gelbgrüne Beeren

Abb. 15: Kartoffel (DÖRFLER & ROSELT 1997).

In Deutschland kommt die Kartoffel nicht wild vor. Sie wird aber häufig als Grundnahrungsmittel angebaut. Von der Kartoffel werden die Knollen genutzt. Die Knollen dienen der Pflanze zur Speicherung der Stärke und zur Ausbreitung. In R. wird die Kartoffel häufig in Gärten und auf Feldern angebaut.

Die Heimat der Kartoffel ist Südamerika. Sie wurde 1555 erstmals von Pizzaro, dem Eroberer des Inkareiches, aus den Anden nach Spanien eingeführt. Nach ihrer Eroberung lernten die Spanier den Kartoffelanbau kennen (DÜLL & KUTZELNIGG 1994). Im 18. Jahrhundert etablierte Friedrich der Große den Anbau in Deutschland (Preußen). Die Bauern wollten zunächst die Kartoffeln nicht anbauen. Das Klima in Deutschland war nicht optimal, sie bildeten kaum Knollen. Die Qualität der Knollen war ebenfalls sehr viel schlechter als heute. Sie hatten tiefliegende und große Augen (KÖRBER-GROHNE 1995). Mit einem Trick soll es Friedrich dem Großen gelungen sein, die Bauern trotzdem zum Anbau zu bewegen. Er soll seine Kartoffelfelder zum Schein von Soldaten bewacht haben lassen. Die jetzt neugierigen Bauern haben daraufhin seine Felder geplündert und bauten dann die Kartoffel selber an (KASPRZAK 2000).

Die Blüte der Kartoffel hat keinen Nektar. Sie ist glockenförmig aufgebaut. Die Krone ist weiß oder violett und die Staubbeutel sind gelb. Die Krone kann weiß, rot oder blau sein. Die leuchtend gelben Staubbeutel neigen sich nach oben kegelförmig zusammen. Nur selten werden sie bei uns von Hummeln und Schwebfliegen besucht. Häufig kommt es zu einer Selbstbestäubung (DÜLL & KUTZELNIGG 1994).

Viele angebaute Kartoffelsorten sind steril. Bilden sich jedoch Beeren, sind diese stark giftig. Kinder können durch ihr Aussehen veranlasst werden, diese zu probieren (ROTH, DAUNDERER & KORMANN 1994). Beim Anbau im Garten sollte man entweder nur sterile Sorten verwenden oder die Beeren abpflücken.

Werden die Knollen Licht ausgesetzt, werden sie grün und es setzt eine intensive Giftproduktion vor allem in der Schale ein. Der Giftgehalt kann für den Menschen auf einen kritischen Wert ansteigen. 1987 warnte beispielsweise die Gesundheitsbehörde vor dem Verzehr unsachgemäß gelagerter, deutlich ergrünter Frühjahrskartoffeln aus Israel (FROHNE & PFÄNDER 1997). Es verwundert, dass auch noch heute vielen Menschen nicht bekannt ist, dass grüne Kartoffeln giftig sind. Die Folge dieses Zustandes sind immer wieder Vergiftungen.

Das Gift führt zu einem Kratzen im Hals, zur Reizung der Verdauungswege, Erbrechen, Durchfall, Blutauflösung und löst Krämpfe in der Glatten Muskulatur[10] aus. Der Hauptbestandteil des Giftes ist das Alkaloid Solanin. Es bildet nadelförmige Kristalle, die Zellmembranen zerstören können. Die Magen-Darm-Trakt-Reizung, wie auch das Kratzen im Hals lassen sich darauf zurückführen. Teilweise kommt es zu Erbrechen und Durchfall. Im Blut zerstört Solanin die Membranen der Roten Blutkörperchen. Das Gift hat jedoch noch einen anderen Wirkungsmechanismus. Es hemmt ein Enzym, die Cholinesterase, wodurch der Abbau vom Neurotransmitter Acetylcholinm, einen wichtigen Stoff für die Muskelarbeit, verhindert wird. Die Folge ist, dass die Glatte Muskulatur im Magen-Darm-Trakt erschlafft, und es kommt dann zu Durchfall (OEHMIG 2001).

---

[10] Muskulatur, die nicht willentlich beeinflusst werden kann.

3.3.3.3.2 Herbst-Zeitlose

(Colchicum autumnale)

Familie: Liliengewächse (Liliaceae)

Wuchs: Knollengeophyt bis 20 cm hoch

Blatt: lange, schmale Blätter

Blüte: große, hellrosa Trichterblume

Blütenstand: Einzelblüte

Früchte: wandspaltige Kapseln

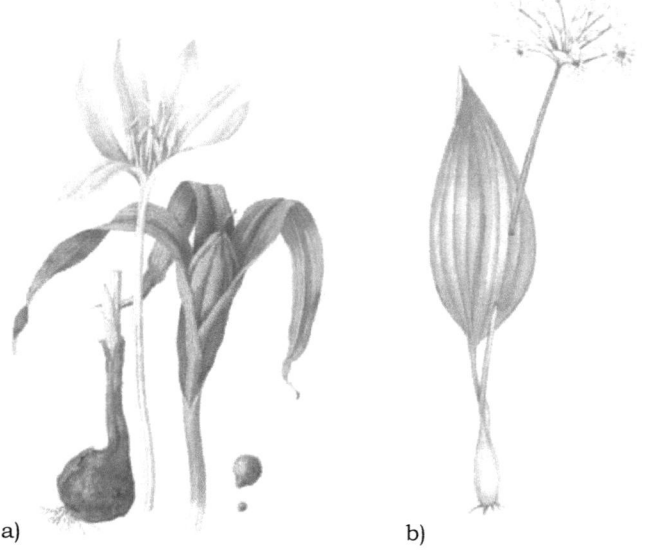

a)   b)

Abb. 16: a Herbst-Zeitlose (DÖRFLER & ROSELT) **b** Bärlauch (CHINERY 1986). Die Blätter der Herbst-Zeitlosen werden manchmal mit den Blättern des Bärlauch verwechselt. Die Blätter des Bärlauchs haben einen deutlichen Knoblauchgeruch und gestielte Blätter. Die Blätter der Herbst-Zeitlosen haben hingegen geruchslose Blätter und keinen Stiel.

Die Herbst-Zeitlose wächst auf Wiesen und lichten Stellen in Wäldern sowie auf nährstoffreichen und tiefgründigen Böden (DÜLL & KUTZELNIGG 1994). In R. gibt es einen kleinen Bestand von circa 20 Blumen an einem Fahrradweg am Eversaeler See.

Die Pflanze blüht im Herbst und bildet ihre Früchte im Frühjahr. Die unübliche Blütezeit bzw. Fruchtreife kann als Anpassung an ein wintertrockenes Steppenklima verstanden werden. Es ist gleichzeitig sehr günstig für eine Wiesenwirtschaft (DÜLL & KUTZELNIGG 1994).

Die Blüte besteht aus 6 hellrosa gefärbten Blütenblättern, die unten zu einer Röhre verwachsen sind. Der Nektar befindet sich am Grund der Blüte mit den Staubblättern. Dieser ist nur Faltern, Bienen und langrüsseligen Fliegen zugänglich. Sie bestäuben die Pflanze. Die Befruchtung erfolgt aber erst im Winter, im Frühjahr bildet sich eine drei-fächerige Kapsel mit Spalten aus. Die Samen rieseln bei Wind heraus. Durch eine klebrige Substanz der Samen bleiben diese an Tieren und Menschen haften und werden verbreitet (DÜLL & KUTZELNIGG 1994). Mit der Frucht kommen die Blätter zum Vorschein.

In den letzten Jahren wurden mehrmals die Blätter der Hebst-Zeitlosen mit Blättern des Bärlauch (Allium ursinum) verwechselt (FROHNE & PFÄNDER). Die Blätter sind, wie die ganze Pflanze, hochgiftig. Eine Verwechslung der beiden Blätter ist bei einer genauen Betrachtung kaum möglich (s.o.).

Diese Verwechslung wird erst verständlich, wenn die Entwicklung des Verhältnisses von Mensch und Natur berücksichtigt wird. Nachdem sich der Mensch lange Zeit immer mehr von der Natur entfremdet hat, kam es mit der Ökobewegung wieder zu einer verstärkten Hinwendung zur Natur. Viele Menschen versuchen wieder natürlicher zu leben und beginnen Früchte, Wildgemüse und Pilze in der Natur zu sammeln. Einige taten dies aber ohne sich mit dem Thema genauer zu beschäftigen. So wird eine Verwechslung der beiden extrem unterschiedlichen Pflanzen verständlich (ROTH, DAUNDERER & KORMANN 1994).

Für Kinder existiert eine zusätzliche Gefahr. Die Samen in der Frucht klappern sehr interessant, was die Pflanze als „Spielzeug-Rassel" brauchbar werden lässt. Aber schon das zufällige Verschlucken von einigen wenigen Samen kann schwerwiegende Folgen haben. Für ein Kind sind 3 Samen (1g) und für einen Erwachsenen 15 Samen (5g) tödlich (FROHNE & PFÄNDER 1997).

Das Gift Colchicin braucht etwa 2 bis 6 Stunden bis erste Vergiftungserscheinungen auftreten. Diese Verzögerung kann sehr gefährlich werden, denn bis dahin ist ein Großteil des Giftes aufgenommen worden. Es tritt zuerst ein Brennen und Kratzen im Mund, später Übelkeit, Durst und Erbrechen auf. Nach 12 bis 24 Stunden kommt es zu blutigem Durchfall. Temperaturabfall, Blutdrucksenkungen. Krämpfe und Lähmungen bilden weitere Stadien. Schließlich tritt der Tod durch Atemlähmung ein (HABERMEHL & ZIEMER 1999).

Die tödliche Dosis bei Blättern beträgt circa 60 g. Die Wirkungen des Giftes sind äußerst vielfältig. Es erweitert und schädigt die Blutgefäße. Außerdem erregt es zunächst bestimmte Nervenzellen der Glatten und Quergestreiften Muskulatur und lähmt nach einiger Zeit. Daneben verhindert Colchicin die Zellteilung. Bei der Chromosomenaufteilung zerstört das Cholchicin den Spindelapparat. Die Chromosomen können dadurch nicht verteilt werden und die Zelle stirbt (FROHNE & PFÄNDER 1997).

Richtig angewandt ist das Colchicin ein äußerst hilfreiches Medikament bei Gichtanfällen. Bei diesem hochgiftigen Stoff ist jedoch eine äußerst genau Dosierung durch den Arzt erforderlich (PHALOW 1993).

3.3.3.3.3 Schwarzer Holunder

(Sambucus nigra)

Familie: Geißblattgewächse (Caprifoliaceae)

Wuchs: etwa 3 m hoher Strauch

Blatt: zusammengesetztes Blatt mit eiförmigen, zugespitzten, gesägten Blättchen

Blüte: weiße, kleine Scheibenblume

Blütenstand: Trugdolde

Früchte: schwarze Steinfrucht

Abb. 17: Schwarzer Holunder (DIETZE et al. 2000). Im Gegensatz zu anderen Bäumen brechen die Zweige sehr leicht, und das Mark lässt sich leicht entfernen. Vom ähnlich aussehenden Roten Holunder kann man den Schwarzen Holunder an seinem weißen Mark unterscheiden. Der Rote Holunder besitzt braunes Mark.

Der Schwarze Holunder ist ein schwach stickstoffliebender Strauch und wächst vor allem in der Nähe menschlicher Siedlungen. Natürlich kommt Holunder an Flussufern und in Auenwäldern vor (DÜLL & KUTZELLNIGG). In R. wachsen mehrere Sträucher der Pflanze am Gymnasium.

Von dem Strauch existieren verschiedene abergläubische Vorstellungen. So führt des Fällen eines Holunders in den darauffolgenden Tagen zum Tode eines Familienmitgliedes (KROEBER 1949). Dieser Glaube geht noch auf die Germanen zurück. In ihrer religiösen Vorstellung spielten Bäume und Sträucher eine große Rolle. Der Holunder war der Hausgöttin Holla geweiht. Unter dem Namen Frau Holle ist sie vor allem aus einem Märchen der Gebrüder Grimm bekannt. In einer alten Version des Märchens werden die weißen Blüten des Strauchs in Federn verwandelt und als Schnee auf die Erde geschüttelt. Die Göttin Holla ist den Menschen freundlich und wohlgesonnen, wenn sie gut sind. Sie heilte und beschützte die Menschen. Verachtete man aber sie und ihren Baum, bestrafte sie die Menschen (MADAUS 1938).

Die Pflanze blüht in der Zeit von Mai bis Juni und bringt kleine scheibenförmige Blüten hervor. Sie riechen stark nach Aas (Ammoniak). Durch den Duft werden vor allem Käfer und Fliegen angelockt (DÜLL & KUTZELNIGG 1994). Reife Früchte trägt der Strauch von August bis September. Sie werden gerne von Vögeln gefressen, die den Samen wieder ausscheiden und den Strauch auf diese Weise verbreiten. Der Mensch verwendet den Holunder und besonders seine Früchte auf vielfältige Art und Weise. Die Holunderfrüchte werden beispielsweise als Mus oder Saft genutzt. Sie sind für den Menschen ein sehr gesundes und beliebtes Obst. Manche Menschen wundern sich, warum ihnen nach dem Verzehr des vermeintlich gesunden Holunder so schlecht ist und lassen von da an die Finger von ihm. Sie wissen häufig nicht, dass roher Holunder eine schwach giftige Wirkung besitzt und dass die Früchte abgekocht werden müssen. Beim Trinken von ungekochtem Saft tritt beispielsweise Erbrechen und Durchfall auf. Bei einigen Menschen reicht aber schon das Essen weniger roher Früchte aus, um Erbrechen zu provozieren (ROTH, DAUNDERER & KORNMANN 1994).

Trotzdem ist der Holunder eine ausgezeichnete und sehr alte Heilpflanze. Die bekannteste Anwendung ist der Holunderblütentee, der gegen Erkältungen, Schnupfen, Grippe und Fieber hilft. Der Holunder wird von Höfler auf Grund seiner vielfältigen Wirkungen als „lebendige Hausapotheke" bezeichnet (MARZELL 1938).

Der Holunderbusch beherbergt nur selten Pflanzensauger, was mit seinem Gift zusammenhängt. Besonders in den Blättern findet sich das Glykosid Sambunigrin. In den Früchten und im Holz kommt es nur in geringeren Konzentrationen vor (FROHEN & PFÄNDER 1997). Im Magen der Pflanzensauger wird das Sambunigrin zerlegt und Blausäure freigesetzt. Diese schädigt vor allem Enzyme der Atmungskette, worauf aus diesem Grund kein ATP mehr hergestellt werden kann und die Pflanzensauger an Energiemangel sterben (HESSE 1989). Eine Pflanzensaugerart allerdings hat sich an die Giftigkeit angepasst, die Holunder-Blattlaus (Aphis sambuci). Es wird vermutet, dass Sambunigrin bei ihr nicht gespalten und dass deshalb keine giftige Blausäure freigesetzt wird. Die Blattläuse speichern das Gift in ihrem Körper und sind nun ihrerseits giftig. Sie können daher nur vom Zweipunkt-Marienkäfer gefressen werden. Bei anderen Marienkäfern zeigten gezielte Fütterungen mit diesen Blattläusen, dass der Verzehr die Entwicklung der Geschlechtsteile verhindert und die Sterblichkeit erhöht (ROSCHKE 2000).

3.3.3.3.4 Tüpfel-Johanniskraut

(Hypericum perforatum)

Familie: Hartheugewächse (Hypericaceae)

Wuchs: 30 bis 60 cm hoher Hemikryptophyt

Blatt: kurze, ovale Blätter

Blüte: goldgelbe Pollen-Scheibenblume

Blütenstand: Trugdolde (Dichasien)

Früchte: wandspaltige Kapseln

Abb. 18: Tüpfel-Johanniskraut (DÖRFLER & ROSELT 1997). An den durchscheinenden Punkten kann das Tüpfel-Johanniskraut gut von den anderen Johanniskraut-Arten unterschieden werden.

Das Tüpfel-Johanniskraut wächst vor allem an sonnigen Stellen auf nährstoffarmen Böden. Es kommt an Waldrändern, Wegen und auf Magerwiesen sowie Heiden häufig vor. Das Tüpfel-Johanniskraut ist in R. oft an Wegrändern zu finden.

Etwa um den Johannistag, dem 24. Juni, steht die Pflanze in voller Blüte. An diesem Tag ist auch die Sommersonnenwende. Für die Germanen verbannte das Johanniskraut mit seinen goldgelben Blüten Kälte und Dunkelheit. Es galt bei ihnen als Symbol für den Sommer. Junge Mädchen trugen bis in die Neuzeit Kränze, die Corona regis, mit Blumen aus Johanniskraut (HAAS 2001). Die Blüten besitzen keinen Nektar, sondern nur Pollen. Aus diesem Grund wird die Pflanze vor allem von pollensuchenden Insekten bestäubt.

Unterbleibt die Fremdbestäubung, kommt es zur Selbstbestäubung. Die Blütenblätter vertrocknen, sie schrumpfen zusammen und der eigene Pollen gelangt auf die Narbe. Das Johanniskraut bildet eine wandspaltige Kapsel aus. Bei Trockenheit öffnet sie sich und die Samen werden durch Tiere oder den Wind ausgestreut (DÜLL & KUTZELLNIGG 1994).

Werden die Blütenblätter zwischen den Fingern zerrieben, verfärben diese sich rötlich. Durch das Zerreiben werden die Ölbehälter der Pflanze zerstört, und Hypericin färbt die Finger ein. Hypericin kommt in geringerer Konzentration auch in den Blättern vor. Der Stoff besitzt eine starke Fluoreszenz (HABERMEHL & ZIEMER 1999).

In der christlichen Symbolik steht der rote Stoff für das Blut des Johannis. Die Blumen sollen einer Legende nach beim Märtyrertod um ihn geweint haben. Johannis vermachte ihnen zum Dank für ihre Trauer sein Blut (MARZELL 1938). Die gegen das Licht sichtbaren Punkte im Blatt symbolisierten die

Stichverletzungen. Nach der Signaturlehre[11] war die Pflanze damit ein gutes Mittel gegen Stichwunden. Die Stiche in den Blättern und der austretende Farbstoff waren für die Menschen Hinweise auf ihre Wirkung (DÜLL & KUTZELLNIGG 1994).

Die Pflanzen werden schon seit langer Zeit gegen Depressionen und Schlafstörungen eingesetzt. Zu diesem Zweck gibt es in der Apotheke viele Johanniskraut-Medikamente. Verschiedene Substanzen der Pflanze sind für diese Wirkung verantwortlich (HABERMEHL & ZIEMER 1999). Für den Menschen ist es allerdings gefährlich Johanniskraut-Präparate gleichzeitig mit Medikamenten einzunehmen. Es beeinflusst häufig die Wirkung der Medikamente. Es kann dadurch zu schweren Nebenwirkungen kommen. Johanniskraut-Präparate müssen demnach sehr vorsichtig eingenommen werden (HAAS 2001). Diese kumulative Wirkung ist vielen Menschen unbekannt und führt immer wieder zu leichten Vergiftungen.

Eine andere Wirkung kann manchmal bei Tieren beobachtet werden. Fressen Tiere Johanniskraut bei starker Sonneneinstrahlung, kommt es zu heftigen Reaktionen auf der Haut. Dazu gehören Blasenbildung, Reizungen, manchmal auch Haarausfall. Beim Menschen sind solche Fälle noch nie aufgetreten, aber es wird empfohlenen, bei Einnahme von Johanniskraut-Präparaten auf Höhensonne und Solarien zu verzichten (HAAS 2001). Der Stoff, der für die Lichtempfindlichkeit wahrscheinlich verantwortlich ist, ist das Hypericin (siehe oben).

---

[11] Nach der Signaturlehre sind Heilpflanzen beseelte Wesen. Das Aussehen der Pflanze gibt dabei Hinweise für ihre heilkräftige Wirkung (Definition nach Marzell 1938).

3.3.3.4 Vergiftungen bei Nutzung als Rauschgift:

Engelstrompete

(Datura sanguinea)

Familie: Nachtschattengewächse (Solanaceae)

Wuchs: bis zu 5 m hoher Strauch

Blatt: große, eiförmige Blätter mit gewelltem Rand

Blüte: etwa 25 cm groß, verschiedenfarbig mit

trompetenförmigen Kelchblüten

Blütenstand: Einzelblüten

Früchte: schmale, zylindrische Kapsel

Abb. 19: Engelstrompete (FROHNE & PFÄNDER 1997).

Die Engelstrompete ist durch ihre sehr schönen und großen Blüten eine häufige Zierpflanze im Garten. Wild kommt sie in Deutschland nicht vor (ALTMANN 2002). In R. ist sie zum Beispiel in den Schrebergärten direkt an der Schule vorzufinden.

Die Pflanze stammt aus Südamerika. Ihre ursprüngliche Heimat erstreckt sich von Kolumbien bis Chile. Ihre sehr schönen Blüten sind trompetenförmig und etwa 20 – 30 cm groß. Sie kann weiß, gelb oder auch gelbrot sein. Ihre Blüten hängen nach unten (ROTH, DAUNDERER & KORMANN 1994).

In den letzten Jahren ist die Engelstrompete ein häufiger Grund von Vergiftungen bei Jugendlichen gewesen. Sie wird von manchen Jugendlichen als Droge genutzt, die leicht aus dem Garten zu besorgen ist. Die Droge wird meist in Form von Tee eingenommen. Die Substanzen, die dabei aufgenommen werden, wirken auf das Gehirn und führen zu Rauschzuständen. Der Hauptwirkstoff ist dabei Scopolamin. Neben dem gewünschten Rauschzustand kommt es häufig zu starken Nebenwirkungen. Diese können sogar teilweise zu tödlichen Folgen führen (FROHNE & PFÄNDER 1997).

Viele Jugendliche unterschätzen die Gefahr vom Rauschgift der Engelstrompete. Sie vermuten, dass die Pflanze aus dem Garten weniger gefährlich als ein künstliches Rauschgift ist. Das ist jedoch eine Irrtum. Die Menge des Wirkstoffes unterliegt sehr großen natürlichen Schwankungen, die vom Boden, Standort, Reifezustand und vielem anderen abhängen. Zusätzlich ist die körperliche Verfassung und aktuelle Gemütslage des Konsumenten für den Rauschzustand von starker Bedeutung. In Wirklichkeit ist das leicht aus dem Garten zu beschaffende Rauschgift Engelstrompete daher, wie andere Biodrogen auch, ein kaum zu steuerndes, kaum zu dosierendes und lebensgefährliches Rauschgift. Die Folgen sind schwerwiegend und teilweise auch psychotischer Art (ROTH, DAUNDERER & KORMANN 1994). Die Natur gibt auch hier kein „Qualitätssiegel unbedenklich".

Bei der Vergiftung durch die Engelstrompete kommt es zu Erbrechen, Durchfall, Sehstörungen und Herzstörungen. Im schlimmsten Fall tritt der Tod durch Atemlähmung ein (FROHNE & PFÄNDER 1997).

3.3.4 Biologie ausgewählter Gifttiere

3.3.4.1 Vergiftungen durch Berühren:

Erdkröte

(Bufo bufo)   **Besonders geschützte Art**

Stamm: Chordata

Unterstamm: Wirbeltiere (Vertebrata)

Klasse: Lurche (Amphibia)

Ordnung: Froschlurche (Anura)

Familie: Kröten (Bufonidae)

In der folgenden Monografie werden nur die adulten Tiere beschrieben.

Körperform: gedrungener Körper mit warziger Haut, die Hinterbeine sind nur ein wenig länger als die Vorderbeine

Färbung: Oberseite einfarbig von graubraun bis rotbraun, Unterseite meist schmutzig weiß

Größe: Männchen bis 8 cm, Weibchen bis 13 cm

Abb. 20: Erdkröte (CHINERY 1986). Kröten haben große Ohrenwülste und ihre Pupillen sind waagerecht.

Lebensraum: Im Jahresverlauf suchen Erdkröten unterschiedliche Lebensräume auf. Im Winter sind sie vor allem im Schutz des Waldes zu finden. Sie graben sich bis zu mehreren Dezimetern in den Boden ein. Von März bis April wandern sie zu dem Gewässer, in dem sie geboren wurden und laichen. Viele Laichgewässer sind in vergangenen Jahrzehnten jedoch zerstört worden. Danach wandern die Kröten zu ihrem Sommerquartier, das bis zu 3 km von ihrem Laichgewässer entfernt sein kann (RENNER 1999).

Mit dem umgangssprachlichen Begriff „Krötenwanderungen" werden die Wanderungen zwischen den einzelnen Lebensräumen bezeichnet. Die genauen Zeitpunkte der Krötenwanderungen sind dabei aber temperaturabhängig. Von der Zersiedelung der Landschaft ist die Erdkröte dabei besonders stark betroffen. Bei der Wanderung lässt sie sich nämlich auch nicht durch Straßen aufhalten. Durch den warmen Asphalt verweilen die Kröten dort sogar häufig für längere Zeit. So sind unzählige Kröten dem Straßenverkehr zum Opfer gefallen (HEDEWIG 1999).

Der Bestand an Erdkröten ist in den letzten 200 Jahren stark zurückgegangen. Das Aufnehmen der Erdkröte unter die besonders geschützten Arten hat sich nicht merklich auf den Bestand ausgewirkt. Erst als begonnen wurde die Laichgewässer zu schützen und die Wanderungen dorthin zu ermöglichen, kam es zur Bestandserholung. Hier wird die enge Verbindung zwischen Artenschutz und Biotopschutz in besonderem Maße deutlich (HEDEWIG 1999).

In R. wurde beispielsweise der Wanderweg der Erdkröte zu einem Laichgewässer durch den Bau einer Umgehungsstraße vor etwa 17 Jahren erschwert. 1990 baute die Stadt deshalb fünf Erdkrötentunnel, die unter der Straße hindurchführen. Durch diese Lösung können die Erdkröten die Straße heute ohne Gefahr unterqueren. An verschiedenen anderen Straßen werden die Erdkröten in Eimern auf die andere Straßenseite getragen. In einem Ortsteil wird sogar eine ganze Straße im Zeitraum der Krötenwanderung gesperrt. In R. ist die Erdkröte auf Grund der hier vorhandenen, engen Verbindung zwischen Arten- und Biotopschutz wieder zu einer recht häufigen Art geworden.

Nahrung: Erdkröten ernähren sich von tierischer Nahrung. Das sind Insekten, Spinnen, Nacktschnecken und andere Kleintiere (RENNER 1999).

Giftapparat: Über die ganze Haut sind Drüsen verteilt Sie produzieren das Gift und sorgen für eine gleichmäßige Verteilung über die gesamte Haut (MEBS 2000).

Gift: Das Gift der Erdkröte ist das Bufotoxin, eine ätzende Substanz. Mit dem Gift schützen sie sich vor Fressfeinden. Beim Versuch die Erdkröte zu fressen, gelangt das Gift unweigerlich auf die Schleimhaut des Angreifers. Diese wird dabei stark gereizt. Der Angreifer lässt die Kröten nach dieser Erfahrung in Ruhe. Zusätzlich verhindert das Gift den Befall durch Mikroorganismen (MEBS 2000).

Gefährdung des Menschen: Das Gift der Kröten kann die intakte Haut nicht durchdringen. Die einzige Gefährdung besteht, wenn Gift in die Augen gelangt. Dagegen hilft ein gründliches Ausspülen mit Wasser. Ohne eine Sondergenehmigung darf die Erdkröte als besonders geschützte Art nicht angefasst werden (ALTMANN 2002).

3.3.4.2 Vergiftungen durch Bisse

3.3.4.2.1 Kreuzotter

(Vipera berus)   **Besonders geschützte Art**

Stamm: Chordata

Unterstamm: Wirbeltiere (Vertebrata)

Klasse: Kriechtiere (Reptilia)

Ordnung: Schuppenkriechtiere (Squamata)

Unterordnung: Schlangen (Serpentes)

Familie: Echte Vipern (Viperidae)

Körperform: langgestreckt ohne Beine, mit einem kurzen Schwanz[12]

Färbung: dunkles Zick-Zack-Band am Rücken

Größe: Männchen bis 60 cm, Weibchen bis 80 cm

Abb. 21: Kreuzotter (TERWELP 2000). Die Unterscheidung von der ähnlich gefärbten Schlingnatter ist durch die Pupillen möglich. Bei der Kreuzotter sind sie senkrecht und bei der Schlingnatter rund. Außerdem besitzt die Kreuzotter fast immer auf dem Hinterkopf eine X-förmige oder eine mit der Spitze nach vorne weisende V-förmige Zeichnung.

---

[12] Mit Schwanz wird der Körperteil vom Anus bis zum Körperende bezeichnet.

Vorkommen: Die Kreuzotter lebt in Mooren, Heideflächen und an Waldrändern. Sie bevorzugt einen Lebensraum mit einer hohen Luftfeuchtigkeit. Die Lebensräume sind gekennzeichnet durch große Temperaturschwankungen. Sie braucht sonnenexponierte Stellen und Versteckmöglichkeiten. Aktiv ist die Kreuzotter vor allem vormittags und nachmittags. Am Mittag und in der Nacht sucht sie Verstecke auf. Durch ihre Ovoviviparie[13] kann sich die Kreuzotter auch in extremen Klimaten im hohen Norden (Skandinavien) und im Hochgebirge (Alpen) vermehren. In der Kälte dieser Regionen würden sich abgelegte Eier nicht entwickeln. Die Kreuzotter positioniert sich mit den Eiern in ihrem Körper an warme Stellen, um die optimale Temperatur für die Entwicklung der Eier zu gewährleisten. In unserem Klima ist diese Strategie unwichtig.

Die Kreuzotter kommt im Gebiet der Stadt nicht vor. Es gibt sie allerdings unter anderem in einem wenige Hektar großen Areal in Schermbeck. Außerdem kann die Schlange im Reptilienzoo begutachtet werden.

Aussehen: Männchen und Weibchen sehen leicht unterschiedlich aus. Das Männchen hat eine eher graue Grundfärbung, das Weibchen hingegen eine hellbraun, braunrote. Doch bei der Kreuzotter kommt es neben diesen Grundfärbungen zu den unterschiedlichsten Farbvarianten (GRUBER 1989).

Beute: In ihr Beutespektrum fallen Nager, Frösche und Eidechsen (SCHIEMENZ 1995). In Heiden und Waldflächen ernährt sie sich vor allem von Nagern, im Moor von Eidechsen und Fröschen, da Nager hier nicht vorkommen. Im Gegensatz zu der sich nur langsam bewegenden Kreuzotter ist ihre Beute sehr mobil, für den Beuteerwerb setzt sie daher ihr Gift ein.

---

[13] Die Mutter bietet den Embryonen in den Eiern eine Brutkammer, aber keine zusätzliche Nahrung. Die Jungen schlüpfen im Eileiter und werden lebend geboren.

Beuteerwerb: Die Kreuzotter lauert auf ihre Beute. Sie wartet bis ein Tier in ihre Nähe kommt. Ist das Tier nur noch wenige Zentimeter von ihr entfernt, richtet sie das vordere Drittel ihres Körpers waagerecht S-förmig vorn aus und beißt zu. Beim Biss wird der Kopf nach vorne geschleudert und Gift wird durch ihre Giftzähne in das Opfer injiziert. Die gebissene Beute wird danach sofort wieder losgelassen und tritt die Flucht an. Das Gift muss relativ schnell wirken, sonst läuft die hochmobile Beute für die langsame Kreuzotter zu weit. Durch das Gift beginnt die Beute aber in der Regel bald zu taumeln und unter erschwerter Atmung zu leiden. Meist bricht die Beute innerhalb weniger Minuten zusammen. Die Kreuzotter nimmt sofort nach dem Biss die Duftspur der Beute auf und findet das tote Tier mit großer Sicherheit. Hat sie es gefunden, verschlingt sie es (SCHIEMENZ 1995).

Giftapparat: Ihre Giftdrüsen befinden sich im Schädel. Durch einen von den Giftdrüsen kommenden Gang kann das Gift mit Hilfe von Muskeln in die Zähne transportiert werden (FROMMBOLD 1963).

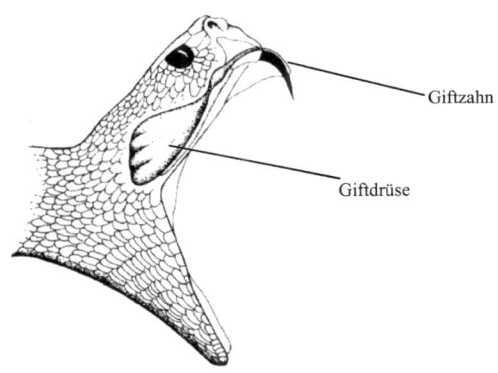

Giftzahn

Giftdrüse

Abb. 22 : Giftdrüse und Giftzahn bei einer Echten Viper (nach MEBS 2000).

Wenn die Kreuzotter beißen will, öffnet sie ihr Maul und richtet dabei ihre zwei Giftzähne aktiv auf. Bei geschlossenem Maul sind die Giftzähne nach hinten eingeklappt. Das Aufrichten erfolgt mit Muskelarbeit durch einen raffinierten Klappmechanismus im Kopfskelett. Sie muss daher nicht jedesmal ihre Giftzähne aufrichten, wenn sie ihr Maul öffnet (ROGERS 1989). Die Giftzähne sind lang und hohl, die Ausflussöffnung für das Gift befindet sich außen über den Zahnspitzen. Beim Beißen weisen die Giftzähne im rechten bis stumpfen Winkel nach vorne. Dringen die Zähne bei einem Biss in ein Beutetier ein, wird durch Muskelbewegungen das Gift, in die hohlen Röhrenzähne transportiert und in die Beute injiziert. Bei einem Verteidigungsbiss wird durch einen geringeren Druck der Muskeln weniger Gift, manchmal sogar gar kein Gift injiziert (SCHIEMENZ 1995).

Gift: Das Gift gehört zu den Toxalbuminen. Es hemmt die Blutgerinnung, zerstört Gewebe bzw. Blutgefäße und löst die Roten Blutkörperchen auf. Das Gift dient vor allem dazu, Beute zu töten, hilft aber in geringem Ausmaße auch bei der Vorverdauung (MEBS 2000).

Feinde: Zu den Feinden der Kreuzotter gehören beispielsweise Igel und Iltis. Mit ihrem Giftbiss verteidigt sie sich gegen diese Feinde. Iltis und Igel sind dabei nicht gegen ihr Gift resistent. Das heißt nach einem Biss sterben auch sie an den Folgen des Giftes. Sie müssen daher einen Giftbiss durch die Kreuzotter verhindern. Der Igel wird durch sein Stachelkleid weitgehend vor Bissen der Kreuzotter geschützt. Der Iltis kann den Bissen auf Grund seiner Reaktionsschnelligkeit und Wendigkeit ausweichen (FROMMBOLD 1963).

Gefährdung des Menschen: Die Gefahr gebissen zu werden, besteht am Mittag, wenn die Kreuzotter ruht und dabei das Kommen des Menschen nicht bemerkt und nicht mehr fliehen kann. Ist der Mensch barfuß unterwegs, kann sie das Gift problemlos in den Körper injizieren. Durch das Tragen fester Schuhe oder Gummistiefel wird die Giftinjektion erschwert und gelingt nur selten. Beim Beerensammeln (Heidelbeeren) besteht auch eine Gefährdung. Hier kann die Kreuzotter in die ungeschützte Hand beißen. Durch Abklopfen der Büsche mit einem Stock, wird die Kreuzotter auf den Menschen aufmerksam und das scheue Tier zieht sich zurück.

Einige Menschen legen sich am späten Nachmittag gerne auch in Kreuzottergebieten hin. Die Kreuzotter wird jedoch aktiv und streift umher. Sie kriecht jetzt auch in die Nähe des bewegungslosen Menschen. Dreht sich der Mensch dabei im Schlaf zufällig auf die Kreuzotter, beißt sie zu. Durch ihre Eigenschaft häufig in Höhlen Nahrung zu suchen, kann es vorkommen, dass sie in die Ärmel hingelegter Jacken kriecht und beim Anziehen zubeißt. Um derartige Gefahren zu vermeiden, sollte vom Ruhen und Lagern von Jacken auf dem Boden in Kreuzottergebieten abgesehen werden.

Nach einem Biss von einer Schlange kann zunächst festgestellt werden, ob es sich um eine Giftschlange (bei uns nur Kreuzotter) oder um eine ungiftige Schlange (bei uns Natter) handelt. Das Bissmal der ungiftigen Nattern hinterlässt einen halbkreisförmigen Abdruck (GRUBER 1989). Auch der Biss dieser ungiftigen Schlangen muss aber ärztlich behandelt werden (Infektionsgefahr). Beim gefährlicheren Kreuzotterbiss gibt es hingegen nur zwei Einstichpunkte, und zwar die der Giftzähne. Nach Gruber 1989 sollten dann folgende Maßnahmen ergriffen werden:

- den Gebissenen zunächst beruhigen
- den Notarzt rufen und den Betroffenen so schnell wie möglich zum Arzt (Krankenhaus) bringen
- die Bissstelle zum Herz hin abbinden (die Stauung darf aber nicht vollständig sein, der Puls muss fühlbar bleiben)

- den Betroffenen wenig, bzw. nicht bewegen oder laufen lassen, sondern liegend transportieren, das betroffene Glied am besten mit einer Schiene oder Tuchschlinge ruhigstellen

Durch die beiden letzten Maßnahmen soll die Ausbreitung des Giftes im Körper vermindert werden. Besonders bei der Stauung muss man aber sehr sorgfältig arbeiten. Jede Viertelstunde muss sie für zwei Minuten gelockert werden. Bei einer unsachgemäßen Stauung besteht die Gefahr des Verlustes der verletzten Extremität! Der Arzt verabreicht das Gegengift und belebt den Kreislauf. Daneben werden noch mögliche Infektionen bekämpft (GRUBER 1989). Das Aussaugen der Wunde wird von Ärzten abgelehnt. Das Gift wird zwar teilweise aus der Wunde gesaugt, aber sind kleine Wunden im Mund vorhanden, ist das Gift im Kopfbereich und ist hier noch gefährlicher. Auch weitere, ähnliche Maßnahmen wie Einschneiden, Ausbrennen oder Unterkühlen der Wunde werden von den Ärzten abgelehnt.

Ein Biss einer Kreuzotter ist für den menschlichen Organismus eine große Belastung. Lebensgefährlich ist er für Kinder, ältere Menschen und geschwächte Personen. In den letzten 50 Jahren ist aber in Deutschland kein Mensch an einem Biss der Kreuzotter gestorben (ALTMANN 2002). Ein Biss von einer Kreuzotter ist allerdings eine schmerzhafte Angelegenheit und trotz Behandlung sehr langwierig.

3.3.4.2.2 Kreuzspinne

(Araneus spec.)

Stamm: Gliederfüßer (Arthropoda)

Unterstamm: Spinnenartige (Chelicerata)

Klasse: Spinnentiere (Arachnida)

Ordnung: Echte Spinnen (Aranae)

Familie: Radnetzspinnen (Araneidae)

Körperform: Zwei-Gliederung in ein Kopfbruststück (Prosoma) und in ein rundlich-ovales Hinterleib (Opisthosoma) mit sechs, relativ breiten und langen Beinen

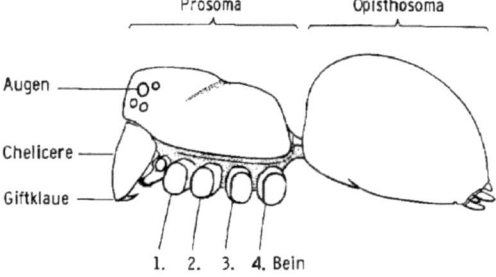

Abb. 23: Köpergliederung der Echte Spinnen (nach FOELIX 1992). Am Kopfbruststück sitzen die sechs Beine und zwei Mundgliedmaßen. Die zwei Mundgliedmaßen bestehen aus der Kieferklaue (Chelicere) und der Giftklaue.

Abb. 24: Garten-Kreuzspinne (CHINERY 1986). Durch das meistens auf dem Rücken des Hinterleibs vorhandene weiße Kreuzmuster ist die Kreuzspinne für den Laien leicht zu erkennen. Fehlt es, ist eine Bestimmung ohne Lupe und Schlüssel nicht einfach. Ein Weibchen einer Kreuzspinne ist ohne Beine etwa 1 cm groß.

Vorkommen: Als Lebensraum bevorzugt die Kreuzspinne den Waldrand, der durch ein erhöhtes Vorkommen von Insekten gekennzeichnet ist (JONES 1990). Park und Garten weisen ähnliche Strukturmerkmale auf, so ist die Kreuzspinne auch hier häufig anzutreffen. Im Waldinneren ist sie kaum vorzufinden. Kreuzspinnen sind auch in R. häufig zu finden. Oft handelt es sich um die Garten-Kreuzspinne (Araneus diadematus).

Gestalt: Der Hinterleib der Kreuzspinne ist größer als das Kopfbruststück, besonders auffallend ist der Unterschied bei den Weibchen im Herbst. Die heranreifenden Jungtiere vergrößern ihren Hinterleib. Der Hinterleib hat eine enorme

Beweglichkeit nach unten. Diese Beweglichkeit erleichtert den Netzbau.

Netz: Die großen Netze der Kreuzspinne sind besonders gut am Morgen zu erkennen, wenn sie von Tau bedeckt sind. Das Grundgerüst des Netzes besteht aus den Rahmen- und Speichenfäden. Diese beiden Fadentypen sind nicht klebrig. Die Nabe ist ebensowenig klebrig. Um die Nabe befindet sich die Freie Zone. Hinter dieser Zone beginnt die Fangspirale, die durch klebrige Spiralfäden gebildet wird.

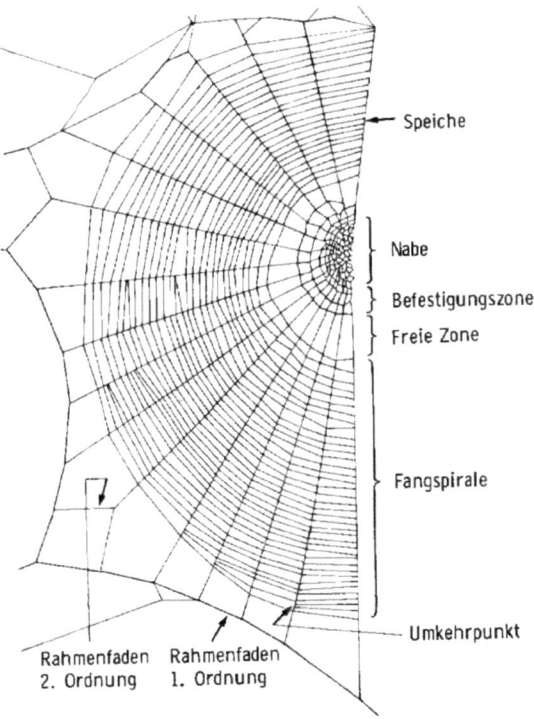

Abb. 25: Bau des Grundgerüstes eines Netzes (FOELIX 1992)

Beuteerwerb: Das Netz dient der Kreuzspinne dazu, Beute unbeweglich zu machen. Verfängt sich ein Tier im Netz löst es Vibrationen aus. Um diese mit ihren Sinnesorganen zu bemerken, sitzt die Spinne in der Mitte, oder hat von dort einen Signalfaden zu ihrem Versteck gespannt. Durch spezielle Krallen kann sie sich selber ohne großen Kraftaufwand im Netz halten (JONES 1990). Hat sie eine Beute bemerkt, die sich verfangen hat, läuft sie über die nicht klebrigen Speichenfäden zu der Beute. Kleinere Tiere in ihrem Netz werden mit einem Giftbiss getötet. Größere werden erst eingesponnen und dann gebissen. Danach sondert sie Verdauungsenzyme in die Beute ab. Der Inhalt des Tieres verflüssigt sich und die Spinne nimmt diesen Nahrungsbrei auf. Das Außenskelett der Insekten ist für die Durchführung dieses Vorgangs ideal. Von der Beute bleiben nur die Chitinteile übrig (BAEHR 1987).

Gift: Das Gift der Kreuzspinne besteht aus verschiedenen Bestandteilen. Es löst unter anderem die Zellen der Tiere auf und dient neben dem Töten der Beute auch zur Verdauung (FOELIX 1992).

Giftapparat: Die Kieferklauen sind das Beißwerkzeug der Spinnen. Das klauenförmige Endglied trägt am Ende die Ausmündung der Giftdrüse. Die Giftdrüsen selber liegen im vorderen Kopfbruststück (FOELIX 1979).

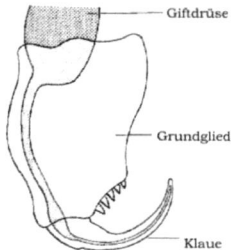

Abb. 26: Giftklaue und Lage der Giftdrüse (FOELIX 1992).

Gefährdung des Menschen: Beim Durchstreifen eines Gebüschs kann es passieren, dass man durch das Netz einer Kreuzspinne läuft, und sie auf einem sitzt. Die Garten-Kreuzspinne beispielsweise baut ihr Netz in einer Höhe zwischen 1 und 1,5 Meter. Im Lebensraum Garten und Park besteht dadurch eine hohe Begegnungswahrscheinlichkeit. Manche Menschen glauben, dass eine Kreuzspinne den Menschen beißen kann. Dies ist ihr jedoch kaum möglich, da sie ihre Giftklauen nicht weit genug öffnen kann, um an der menschlichen Haut den Biss anzusetzen. Es könnte ihr unter Umständen an einer sehr weichen und faltigen Stelle gelingen. In diesem Fall käme es zu einer leichten lokalen Vergiftung (MEBS 2000).

Verbreitung: Die Verbreitung junger Kreuzspinnen erfolgt hauptsächlich im Altweibersommer. Der Altweibersommer ist eine Schönwetter-Periode und das warme Wetter sorgt für Thermik. Die jungen Spinnen lassen sich mit Hilfe eines Fadens durch die aufsteigende Luft verwehen und werden so verbreitet (JONES 1990).

3.3.4.3 Vergiftungen durch Stiche

3.3.4.3.1 Hornisse

(Vespa crabro)   **Besonders Geschützte Art**

Die systematische Einteilung ist für den Laien nicht eindeutig.

Stamm: Gliederfüßer (Arthropoda)

Unterstamm: Tracheata

Klasse: Insekten (Insecta)

Ordnung: Hautflügler (Hymenoptera)

Familie: Faltenwespen (Vespidae)

Unterfamilie: Soziale Faltenwespen (Vespinae)

Die Hornisse gilt in der menschlichen Bevölkerung als Prototyp der „Wespen". Sie besitzen eine Wespentaille, wie die Honigbiene. Ihre Sommerstaaten haben außen horizontale Waben mit einer Papiertüte. Sie haben die typische Drei-Gliederung in Kopf, Brust und Hinterleib. Ihr Kopf ist relativ platt und die Fühler sind gekniet. Die Wespentaille verbindet Brust und Hinterleib, dabei wird die morphologisch letzte Hinterleibzelle meist der Brust zugerechnet. Die „Wespen" werden manchmal mit den Fliegen verwechselt. Die Fliegen haben aber einen rundlichen Kopf (vergrößerter Hinterkopf) starre Fühler und sie besitzen keine Wespentaille.

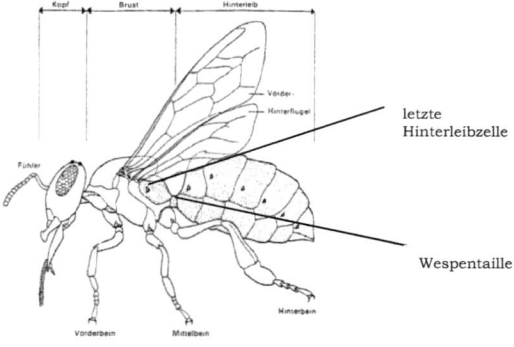

Abb. 27: Körpergliederung der Hautflügler am Beispiel Honigbiene (nach BÄHRMANN 1995).

Färbung: Brust dunkelbraun, Hinterleib schwarzgelb

Größe: Arbeiterin 20 bis 25 mm

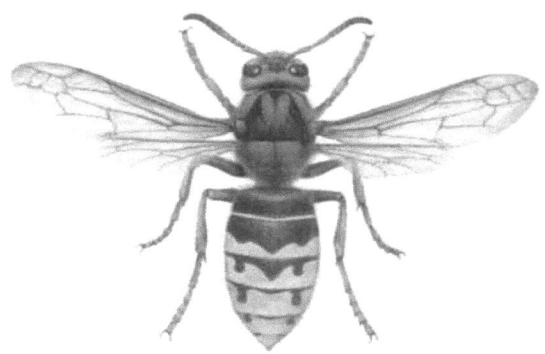

Abb. 28: Hornisse (RIPBERGER & HUTTER 1992). Die Unterscheidung von anderen Faltenwespen ist leicht durch den rotbraunen Kopf oder das ebenfalls rotbraun gefärbte Rückenschild möglich. Bei den anderen Wespen ist der Kopf und das Rückenschild schwarz.

Lebensraum: Der ursprüngliche Lebensraum der Hornissen sind Mischwälder und Auwälder. Besonders oft sieht man sie an Waldrändern und in der Nähe von Gewässern (RIPBERGER & HUTTER 1992). Diese Lebensräume sind gekennzeichnet durch ein erhöhtes Insektenvorkommen. Die Hornissen kommen auch in R. vor.

Ernährung: Für die eigene Ernährung (Betriebsstoffwechsel) benötigen sie Kohlenhydrate, die sie vor allem aus dem Harz verschiedener Bäume erhalten. Eine andere Quelle sind faulende Obstfrüchte (RIPBERGER & HUTTER 1992).

Für ihre Larvenaufzucht brauchen sie hingegen Insekten. Die Insekten erjagen sie im Lückensubstrat der Vegetation. Für das Töten ihrer Beute, die meist aus Fliegen besteht, benutzen sie ihre kräftigen Oberkiefer. Die Hornisse schneidet dem Beutetier die Flügel ab, formt aus dem Körper mit den Vorderbeinen eine runde Kugel und transportiert diese zum Nest. Bei größeren, sich stark wehrenden Beutetieren setzen die Hornissen ihren Giftstachel ein, um diese zu töten. Die Wespentaille ermöglicht ein große Beweglichkeit nach vorne unten, so kann sie leicht punktgenau zustechen. In erster Linie sticht die Hornisse jedoch zur Verteidigung (RIPBERGER & HUTTER 1992).

Giftapparat: Nur Weibchen besitzen einen Giftapparat. Die Männchen besitzen keinen und können daher nicht stechen. Bei den Hautflüglern hat sich aus dem Legebohrer der Giftstachel entwickelt (SANDROCK 1992). Der Giftapparat bzw. Giftstachel ähnelt sehr stark dem der Wespe und wird dort genauer besprochen (vgl. S. 90). Hornissen können den Menschen mehrmals stechen, wobei die größte Menge des Giftes beim ersten Stich verbraucht ist. Der Stachel der Hornisse hat, im Gegensatz zum Stachel der Biene, nur kleine Widerhaken. Der Stachel kann daher ohne Probleme wieder aus der menschlichen Haut gezogen werden.

Gift: Das Hornissengift ähnelt stark dem der Wespen und Bienen. Es besteht aus Histamin, Acetylcholin, 5-Hydroxatryptamin, Hornissenkinin, Hyaluronidase, Phospholipase A, Phospholipase B. Dass der Stich einer Hornisse schmerzhafter ist, wird dem Acetylcholin zugeschrieben, das Bienen und Wespen nicht besitzen. Gefährlicher ist der Stich aber nicht. Die Behauptung, drei Stiche töten einen Menschen und sieben ein Pferd, ist falsch (SANDROCK 1992).

Nest: Das Nest wird in hohlen Bäumen, in Astlöchern und in Spechthöhlen angelegt. In Dörfern und Städten sind auch Nester in Nistkästen, Rolladenkästen oder sogar Bienenkörben zu finden. Praktisch kann jeder Hohlraum mit der richtigen Temperatur und Feuchtigkeit genutzt werden (RIPBERGER & HUTTER 1992). Der Giftstich wird vor allem zum Schutz vor Feinden eingesetzt, die das Nest der Hornissen gefährden. Sie reagieren dort empfindlich auf Störungen und verteidigen es stark.

Gefährdung des Menschen: Für den Menschen besteht die Gefahr am Nest von Hornissen gestochen zu werden. Im unmittelbaren Nestbereich (Umkreis von circa 4 m) sollten folgende einfache Dinge beachtet werden, um nicht gestochen zu werden (RIPBERGER & HUTTER 1992):

- keine schnellen Bewegungen
- kein Verstellen der Flugbahn
- keine Erschütterungen des Nestes
- keine Veränderungen am Flugloch
- kein Anhauchen der Tiere

Außerhalb des Nestbereiches sind Hornissen friedfertiger als Wespen. Sie stechen den Menschen nur im absoluten Verteidigungsfall, das heißt, wenn sie gedrückt oder festgehalten werden. Dies geschieht gerade dann, wenn aus Angst vor einem Stich panisch nach ihnen geschlagen wird (ALTMANNN 2002). Der Stich ist schmerzhaft, aber in der Regel harmlos.

Bei einer sehr seltenen allergischen Reaktion, wie bei Bienen oder Wespen, besteht auch hier Lebensgefahr (allgemeine Reaktion siehe Honigbiene).

3.3.4.3.2 Wespe

(Paravespula spec.)

Stamm: Gliederfüßer (Arthropoda)

Unterstamm: Tracheata

Klasse: Insekten (Insecta)

Ordnung: Hautflügler (Hymenoptera)

Familie: Faltenwespen (Vespidae)

Unterfamilie: Soziale Faltenwespen (Vespinae)

Körperform: Drei-Gliederung in Kopf, Brust und Hinterleib, die Wespentaille verbindet Brust und Hinterleib

Aussehen: Brust dunkelbraun, Hinterleib schwarzgelb

Größe: Arbeiterin 16 mm

Die Gattung Kurzkopfwespen ist von anderen Wespen durch genaues Betrachten des Kopfes mit einer Lupe möglich. Bei uns sind drei Arten häufig, alle sind Dunkelnister, alle gehen als einzige an Süßigkeiten auf dem Kaffeetisch. Die Deutsche Wespe (Paravespula germanica), die Gemeine Wespe (Paravespula vulgaris) und die Rote Wespe (Paravespula rufa) gehören zur Gattung Kurzkopfwespen, das heißt der Abstand zwischen ihrer Oberkieferbasis und dem unteren Augenrand ist sehr gering. Dem gegenüber stehen die Langkopfwespen (Dolichichovespula).

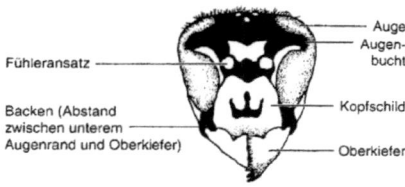

Abb. 29: Kopf einer Langkopfwespe von vorne (HOLTAPPELS 1992).

Die Rote Wespe (Paravespula rufa) weist eine variable rötliche Färbung auf den vorderen Hinterleibsegmenten auf und ist leicht zu erkennen. Die anderen Arten sind stets rein schwarzgelb.

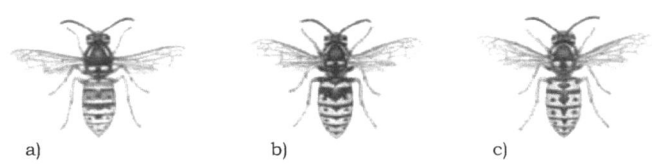

a)　　　　　　　　b)　　　　　　　　c)

Abb. 30: a Rote Wespe (RIPBERGER & HUTTER 1992) **b** Gemeine Wespe (RIPBERGER & HUTTER 1992) **c** Deutsche Wespe (RIPBERGER & HUTTER 1992). Die Unterscheidung der Deutschen Wespe (Paravespula germanica) und der Gemeinen Wespe (Paravespula vulgaris) ist einfach und eindeutig durch die Zeichnung des Kopfschildes möglich.

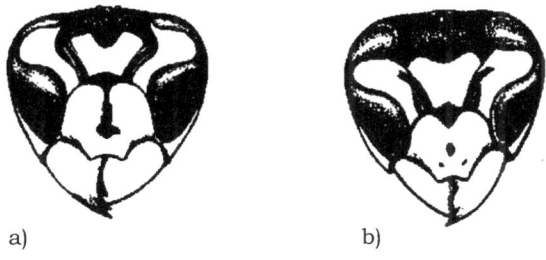

a)　　　　　　　　　　b)

Abb. 31: a Kopfschild Deutsche Wespe (RIPBERGER & HUTTER 1992) **b** Kopfschild Gemeine Wespe (RIPBERGER & HUTTER 1992). Die Deutsche Wespe hat auf dem Kopfschild eine ankerähnliche Zeichnung, die Gemeine Wespe hingegen eine mit drei Punkten.

Vorkommen: Die Arten der Kurzkopfwespen sind in Deutschland die verbreitetsten und häufigsten aller Faltenwespen. Sie haben fast jeden Lebensräume besiedelt (DÖHRING & KEMPER) und kommen auch in R. sehr häufig vor.

Ernährung: Für die eigene Ernährung (Betriebsstoffwechsel) benötigen die Wespen Kohlenhydrate (RIPBERGER & HUTTER 1992). Sie nutzen dafür beispielsweise den Nektar von Bärenklau-Arten (vgl. Riesen-Bärenklau) und im Herbst von Efeublüten (vgl. Efeu). Diese besuchten Blüten sind nektarreich, flach und damit ist der Nektar für ihren kurzen Saugrüssel gut zu erreichen. Dieser Blütentyp wird als Scheibenblume bezeichnet (DÖHRING & KEMPER 1994). Im Sommer besuchen die drei Arten der Gattung Kurzkopfwesen (P. rufa, P. vularis und P. germanica) den Kaffeetisch, um Süßigkeiten (Kohlehydrate) zu naschen. Haben diese Wespen Süßigkeiten am Kaffeetisch entdeckt, wie zum Beispiel Kuchen, teilen sie dieses ihren Artgenossen mit. Schnell kommen dann andere Wespen hinzu. Wie genau die Kommunikation unter Wespen abläuft, ist nicht bekannt. Es gibt verschiedene Möglichkeiten die Wespen vom Kaffeetisch fernzuhalten. Wird beispielsweise ein Teller mit Kochschinken ein paar Meter entfernt vom Tisch aufgestellt, fliegen die Wespen nur noch dort hin, und lassen die Kaffeetafel in Ruhe. Die Wespen sind besonders auf Schinken und Bockwürstchen fixiert, da diese Lebensmittel Eiweiße beinhalten, die sie sonst jagen müssten und die sie auf diesem Weg ohne großen Energieaufwand bekommen.

Die Eiweiße braucht die Wespe vor allem zur Aufzucht ihrer Larven. In der Natur jagt sie dazu hauptsächlich Fliegen. Die Fliegen werden mit den Vorderbeinen ergriffen. Die durch die Wespentaille gegebene Beweglichkeit ihres Hinterleibes nach vorne unten ermöglicht ihnen dabei, die Beute durch einen Giftstich zu töten (DÖHRING & KEMPER 1967).

Giftapparat: Nur Weibchen besitzen einen Giftapparat. Die Männchen besitzen keinen Giftapparat und können daher nicht stechen. Bei den Hautflüglern hat sich aus dem Legebohrer der Giftstachel entwickelt (SANDROCK 1992). Wespen können mehrmals stechen, wobei die größte Menge des Giftes beim ersten Stich verbraucht ist. Der Stachel der Wespe hat im Gegensatz zum Stachel der Biene nur kleine Widerhaken. Nach einem Stich wird der Stachel wieder aus der Haut der Säugetiere (Mensch) gezogen.

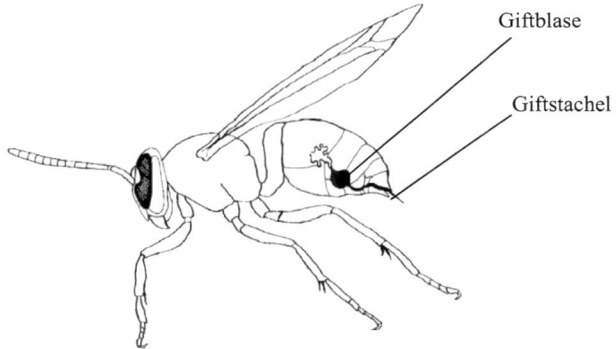

Giftblase

Giftstachel

Abb. 32: Lage-Stechapparat (nach MEBS 2000) .

Das Gift der Wespen wird in zwei Drüsen gebildet, in der sauren und der alkalischen. Das Sekret der sauren Drüse wird in der Giftblase gespeichert. Bei einem Stich werden beide Sekrete im Stachelrinnenkolben vermischt, und das eigentliche Gift entsteht (RIPBERGER & HUTTER 1992).

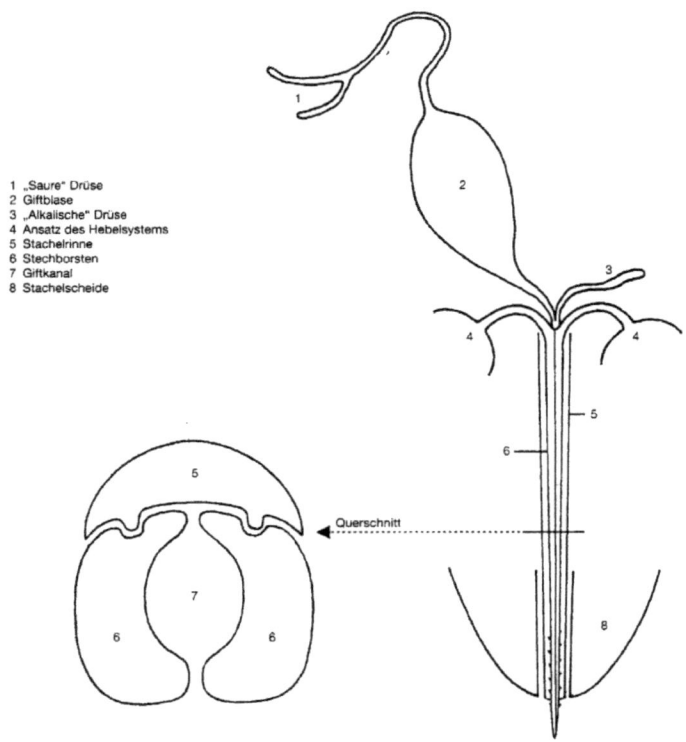

1 „Saure" Drüse
2 Giftblase
3 „Alkalische" Drüse
4 Ansatz des Hebelsystems
5 Stachelrinne
6 Stechborsten
7 Giftkanal
8 Stachelscheide

Querschnitt

Abb. 33: Stechapparat (RIPBERGER & HUTTER 1992) .

Gift: Das Wespengift ähnelt stark dem der Hornissen und der Bienen. Es besteht aus Histamin, 5-Hydroxy-tryptamin, Wespenkinin, Hyaluronidase, Phospholipase A, Phospholipase B. Der eigentliche Schmerzstoff ist das Histamin (SANDROCK 1992).

Nest: Die Gemeine Wespe und die Deutsche Wespe bauen nur Nester in dunklen Nischen (Dunkelnister). Das Nest kann die Größe eines Wasserballs erreichen. Häufig nutzen Wespen Mäuselöcher oder Maulwurfgänge, die sie systematisch ausbauen. Das Ausflugsloch ist dabei sehr klein. Nester können aber auch in Zwischendecken und auf Dachböden oder unter Gartenhäusern zu finden sein. Niemals werden bei diesen Arten die Nester offen im Freien gebaut (Freinister), wie dies bei anderen Arten durchaus der Fall ist (RIPBERGER & HUTTER 1992).

Gefährdung des Menschen: Der Stich einer Wespe ist, ausgenommen für Allergiker, lästig, aber ungefährlich (allergische Reaktion siehe Honigbiene). Ein normaler Stich verursacht nur einen heftigen Juckreiz, gegen den eine leichte Kühlung hilft. Gefährlich ist ein Stich in den Mund-Rachen-Raum, der am Kaffeetisch passieren kann, wenn ein Stück Kuchen mit einer Wespe gegessen wird. Es kommt zum Anschwellen um die Einstichstelle. Lebensgefährlich ist es, wenn dabei die Atemwege zuschwellen. In Erste Hilfe Kursen wird empfohlen:

- das Rufen des Notarztes
- die Lagerung mit erhöhtem Oberkörper
- Eis lutschen oder mit kaltem Wasser gurgeln
- kalte Umschläge um den Hals legen

Gefährlich wird es außerdem, wenn ein Wespennest im Boden zum Einsturz gebracht wird. Manchmal reicht es aus, wenn über das Nest gelaufen wird, falls diese an einigen Stellen nur von einer dünnen Erdschicht bedeckt ist (MEBS 2000). Die Wespen fallen in einer großen Anzahl über den Störenfried her und stechen zu. In einem solchen Fall hilft nur Flucht.

Schutz: Die Gattung Kurzkopfwespe ist alleine der Auslöser für den Ärger am Kaffeetisch. Oft werden aber Nester von anderen Wespenarten vernichtet, die nicht vom Kuchen naschen. Offene, freihängende Nester gehören immer zu diesen Arten (Langkopfwespen), die häufig geschützt sind. Die Vernichtung trifft dann die falschen Arten (RIPBERGER & HUTTER 1992).

3.3.4.3.3 Honigbiene

(Apis mellifica)

Stamm: Gliederfüßer (Arthropoda)

Unterstamm: Tracheata

Klasse: Insekten (Insecta)

Ordnung: Hautflügler (Hymenoptera)

Familie: Bienen (Apidae)

Körperform: Drei-Gliederung in Kopf, Brust und Hinterleib

Färbung: braunschwarze Färbung und behaart

Größe: Arbeiterin 16 bis 20 mm

Abb. 34: Honigbiene (Nuridsany & Perennou 1997).

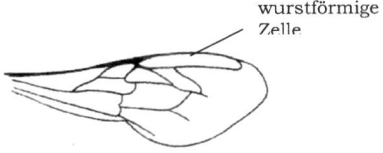

Abb. 35: Flügel einer Honigbiene (nach BROHMER 2000). Die Honigbiene ist von den anderen Bienenarten durch eine große wurstförmige Zelle an der Flügelspitze von anderen Bienen zu unterscheiden.

Vorkommen: Die Honigbiene kommt in Deutschland nicht mehr wild vor, sondern nur noch als Haustier. Sie wird in Bienenkästen gehalten. Besonders häufig sieht man sie an Obstwiesen. Die Biene ist den meisten Menschen als Honigerzeuger bekannt. In Deutschland werden im Laufe eines Jahres etwa 20.000 bis 25.000 Tonnen Honig[14] erzeugt. Etwa 100.000 Imker sorgen für die Erzeugung dieser Menge (DRESCHER et al. 1996). Einige Bienenkästen sind auch in R. zu finden.

Ernährung: Die Bienen ernähren sich vom Nektar und Pollen der Pflanzen. Der Nektar wird hauptsächlich zur eigenen Ernährung (Betriebsstoffwechsel) genutzt und als Honig für Notzeiten gespeichert (FRINGS & WINKEL 1994). Der eiweißreiche Pollen wird vor allem für die Aufzucht der Larven gebraucht und in der Nähe der Zellen der Larven gesondert gelagert (LAMPEITL 1999). Bienen nehmen durch ihre Sammeltätigkeit eine Schlüsselrolle in der Bestäubung ein. Durch sie wird die Samenproduktion bzw. Fruchtproduktion bei Obstbäumen enorm gesteigert (DRESCHER et al. 1996).

Giftapparat: Nur Weibchen besitzen einen Giftapparat. Die Männchen besitzen keinen und können folglich nicht stechen. Bei den Hautflüglern hat sich aus dem Legebohrer der Giftstachel entwickelt (SANDROCK 1992). Der Giftapparat ist mit Ausnahme des Stachels fast identisch mit dem der Wespe. Der Stachel der Bienen hat größere Widerhaken. Dieser bleibt in der elastischen Haut der Säugetiere stecken. Die starken Widerhaken verkanten in der Haut und der Stachel mitsamt der Giftblase reißt aus dem Hinterleib der Biene heraus. Die Biene stirbt an dieser Verletzung. Der herausgerissene Teil des Stechapparates pumpt danach weiter Gift in die Einstichstelle hinein. Der Bienenstachel mit Giftblase sollte deshalb nach

---

[14] Mit Honig wird erbrochener Nektar mit wenig Pollen bezeichnet, der im Magen der Honigbienen mit Enzymen versetzt wurde und so seine Konsistenz erhält. Dieser Vorgang erfolgt mehrmals, bevor der Honig in die Waben eingelagert wird.

einem Stich schnell entfernt werden, um eine weitere Giftaufnahme zu verhindern. Mit einer Pinzette oder zwei Fingern würde jedoch noch mehr Gift in die Wunde gedrückt. Idealerweise wird daher einmal kräftig mit dem Daumennagel über die Stichstelle gefahren, um den Giftstachel zu entfernen (FRINGS & WINKEL 1994).

Aus Chitinskeletten von Insekten kann der Stachel von der Biene wieder herausgezogen werden. Durch die großen Widerhaken des Stachels entsteht im Chitinskelett ein großes Loch. Das Loch und das Gift sind für angegriffene Insekten tödlich. Das einmal verbrauchte Gift wird nicht wieder hergestellt. Durch die auch bei der Biene vorhandene Wespentaille wird eine große Beweglichkeit des Hinterleibs nach unten vorne ermöglicht. Die Biene kann so leicht punktgenau zustechen. Vor einem Stich nimmt die Honigbiene eine Drohhaltung ein. Beim Stich selber krümmt sie den Hinterleib ein, so dass der Stachel senkrecht etwa 2 bis 3 mm in die Haut eindringen kann (EBEL 1989).

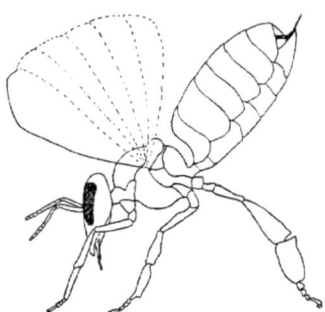

Abb. 36: Drohhaltung einer Honigbiene (EBEL 1989).

Gift: Das Gift besteht hauptsächlich aus Phospholipase A, Hyaluronidase, Melittin, Histamin, Apamin und Peptide. Die folgende Beschreibung der Giftwirkung bezieht sich auf den Menschen. Hyaluronidase und Phospholipasen öffnen den anderen Giftstoffen die Zellen. Der eigentlich Giftstoff ist das Melittin, dass die Zellmembranen zerstört. Die Zelle verliert deshalb ihren Inhalt und andere Zelle werden durch diesen zusätzlich in Mitleidenschaft gezogen. Das Histamin bewirkt eine Erschlaffung der glatten Muskulatur und macht die Kapillare durchlässig. Das Histamin ist der eigentliche Schmerzstoff. Das Apamin wirkt auf die Nervenzellen und das Bindegewebe (FRINGS & WINKEL 1994).

Gefährdung: Bienen kommen nicht an den Kaffeetisch. Der Kontakt mit ihrem Stachel tritt am häufigsten auf, wenn jemand barfuß über den Rasen läuft. Wird dabei auf eine Biene getreten, die gerade Nektar sammelt, kann diese zu ihrer Verteidigung zustechen. Besonders gerne befindet sie sich zur Sammlung in den sehr nektarreichen Kleeblüten. In diesen Blüten sind die Bienen nur sehr schwer zu erkennen. Das Bienengift, das beim Stechen injiziert wird, ist für den Menschen im Normalfall nicht gefährlich. Ein gesunder Mensch kann mehrere hundert Bienenstiche verkraften. Die Folge eines einzelnen Bienenstichs ist normalerweise eine kleine juckende Schwellung der Haut. Bei Menschen mit einer Bienengift-Allergie kommt es aber zu anderen Erscheinungen.

Eine allergische Reaktion kann nach EBEL 1989 an folgenden Symptomen erkannt werden, die etwa nach 15 bis 30 Minuten auftreten:

- blasse Haut
- Anschwellen des Körpers
- kalter Schweiß
- starker Juckreiz
- jagender Puls

- fallender Blutdruck
- Atemnot
- Benommenheit

Treten solche Symptomen auf, ist unverzüglich der Notarzt zu rufen. Als Erste Hilfe können nach MEBS 2000 folgende Maßnahmen ergriffen werden - vorausgesetzt, dass die dazu notwendigen Medikamente mitgeführt werden:

- Inhalieren eines Dosier-Aerosols (Adrenalin-Medihaler, Epinenphrinhydrogentartrat, 10 bis 15 Hübe, je nach Bedarf).
- Antihistaminikum (z.B. Feinistil-Lösung) und Kortikosteroide (Prednison 100 mg) sofort einnehmen (in dieser Reihenfolge)
- nur bei einer Herz-Kreislaufreaktion (Schock): Selbstinjektion von Adrenalin (0,5 Suprarenin 1:1000) mit kommerziell erhältlichem Spritzenset

Bienengift-Allergie: Im Folgenden soll die Entstehung und der Ablauf einer allergischen Reaktion dargestellt werden.

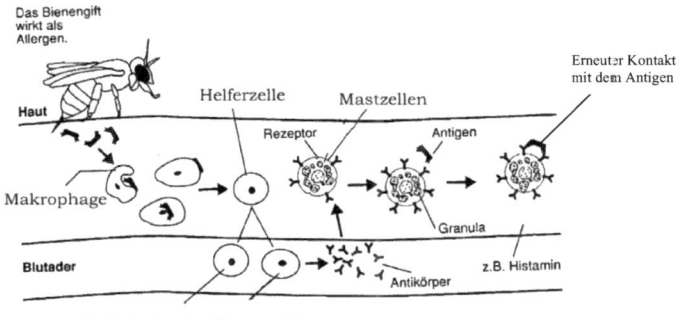

Abb. 37: Schema einer Bienengift-Allergie (nach EBEL 1989)

Durch den Stich einer Biene gelangen Giftstoffe (bei einer Bienengift-Allergie als Antigen bezeichnet) in den Körper. Dort setzt die Giftwirkung ein. Das menschliche Abwehrsystem reagiert darauf mit verschiedenen Maßnahmen. Das Antigen wird durch spezielle Weiße Blutkörperchen, den Makrophagen „gefressen". Bei einem Allergiker werden jetzt Strukturteile des Antigens an die Oberfläche der Makrophagen befördert. Bei Kontakt mit Helferzellen werden diese Strukturmerkmale des Antigens gespeichert und verarbeitet. Die Helferzellen entwickeln sich zu zwei unterschiedlichen Zelltypen weiter. Zum einen zu Gedächtniszellen und zum anderen zu Plasmazellen. Die Gedächtniszellen wandern in die Milz und in die Lymphknoten und ruhen dort. Die Plasmazellen beginnen Antikörper zu produzieren. Die produzierten Antikörper passen zu der Struktur des durch die Biene injizierten Antigens. Das Prinzip ist vergleichbar mit dem eines Schlüssels und eines Schlosses. Die Antikörper werden freigesetzt und haften sich von außen an sogenannten Mastzellen. In den Mastzellen befinden sich Stoffe wie Serotonin, Leukotricine und Histamin.

Sticht jetzt eine Biene ein zweites Mal kommt es neben der normalen Giftwirkung zu einer zusätzlichen Reaktion. Antigene im Blut und treffen auf Mastzellen mit den zu ihren passenden Antikörpern. Antigene und Antikörper verbinden sich. Durch diese Verbindung gibt die Mastzelle ihre Inhaltsstoffe frei. Findet dieser Vorgang im gesamten Körper an unzähligen Mastzellen statt, wird dieser als anaphylaktischer Schock bezeichnet. Die enorm große Menge an dabei freigesetztem Histamin hat fatale Auswirkungen auf den Kreislauf. Die Blutgefäße werden stark erweitert, der Blutdruck fällt. Die Blutgefäße werden außerdem für Wasser durchlässig. Wasser tritt aus und das Blut wird verdickt. Diese beiden Vorgänge bewirken, dass das Blut nur noch schlecht im Körper zirkuliert. Die Folge kann ein tödlicher Kreislaufkollaps sein. Außerdem zieht sich die Glatte

Muskulatur der Atemwege zusammen und sorgt für Atemschwierigkeiten. In Deutschland sterben jährlich etwa 5 Menschen an einer solchen allergischen Reaktion (vgl. EBEL 1989 und vgl. ETSCHENBERG 1993).

Nutzen: Das Bienengift wird schon lange Zeit gegen Rheuma eingesetzt. Aus historischen Quellen ist bekannt, dass schon Karl der Große (742 - 814) durch direkte Bienenstiche sein Rheuma behandelte. Auch noch heute wird das Bienengift hierzu eingesetzt. Daneben findet es bei Erkrankungen der Gelenke, wie z. B. Arthritis, Verwendung. Vorher muss natürlich überprüft werden, ob der Patient auf das Mittel allergisch reagiert. Daneben gibt es noch andere Mittel, die auf der Basis von Bienengift hergestellt werden. In Deutschland sind es z. B. Forapin und Apisartron. Diese Medikamente wirken schmerzlindernd, senken den Blutdruck und den Cholesterinwert. Sie wirken zudem einer Arterien-Verkalkung entgegen (DENKOW 2001).

3.3.4.4 Sonderfall:

Waldameise

(Formica spec.) **Alle Arten der Gattung sind:**
besonders geschützte Arten

Stamm: Gliederfüßer (Arthropoda)

Unterstamm: Tracheata

Klasse: Insekten (Insecta)

Ordnung: Hautflügler (Hymenoptera)

Familie: Ameisen (Formicidae)

Unterfamilie: Schuppenameisen (Formicinae)

Körperform: Drei-Gliederung in Kopf, Brust mit drei deutlich zu erkennenden Ringen und einem kugelförmigen Teil des Hinterleibes, abgetrennt von der Brust mit einem Stiel

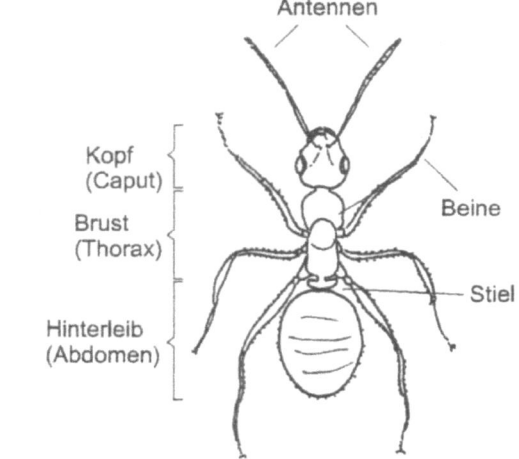

Abb. 38: Körpergliederung einer Ameise (Bretz 1993).

Färbung: rotbraune Färbung teilweise schwarz pigmentiert

Größe: Arbeiterin etwa 7 bis 9 mm

Abb. 39: Waldameise (BRETZ 1993).

Vorkommen: Auf die Waldameisen machen vor allem die großen Nesthügel aufmerksam. Sie findet man an Waldrändern und lichteren Stellen, die warm- und vegetationsreich sind. Im Waldinneren gibt es Waldameisen nur selten (BRETZ 2002). Die Waldränder zeichnen sich durch ein erhöhtes Vorkommen von Insekten aus. In R. kommen Waldameisen nur an wenigen Stellen vor.

Nesthügel: Der Nesthügel ist ein feststehender Kuppelbau, etwa einen Meter hoch, aus Pflanzenteilen wie Nadeln, Astteilchen und Knospen. Das Nest ist nicht nur oberirdisch angelegt, es reicht bis zu zwei Meter unter die Erde. Der Hügel dient als Wetterschutz, speichert Wärme und dient zur Durchlüftung des ganzen Nestes. Eier werden von der Königin zunächst im Inneren des Nestes unter der Erde gelegt (STICHMANN-MARNY 1998). Liegt das Nest im Schatten, ist es steiler als wenn es in der Sonne steht (Temperaturregelung). Wird ein Ameisennest zerstört, hat das schwerwiegende Folgen für das Ameisenvolk. Das Nest wird daher von ihnen sehr stark verteidigt (BRETZ 2002). Sie verteidigen ihr Nest, indem sie die Angreifer mit Gift bespritzen und zu beißen versuchen. Von einigen Tiere wird das ausgenutzt. Amseln und Stare reiben ihren Körper auf dem Ameisenhaufen und lassen sich von Ameisensäuren bespritzen. Durch das Gift befreien sie sich von lästigen Parasiten (SCHWENKE 1985). Durch ihr dichtes Federkleid können die Ameisen sie dabei nicht beißen.

Ernährung: Die Waldameisen ernähren sich unter anderen von vielen Kleintieren. Sie durchstreifen dabei die Umgebung des Nestes in einem Umkreis von bis zu 100 Meter. Als Beute kommen vor allem Insekten, Spinnen und Würmer in Betracht. Sie jagen diese Tiere sowohl auf dem Boden als auch in den Baumkronen (BRETZ 2002). Entdecken sie eine Beute, greifen sie diese an. In den meisten Fällen töten sie das Tier mit ihren starken Oberkiefern. Nur bei großen, wehrhaften Tieren beißen sie eine Wunde, drehen sich blitzschnell um und spritzen Gift hinein.

Auch Aas wird von ihnen verwertet. Auf Grund dieser Eigenschaft werden die Ameisen auch als die „Gesundheitspolizei" im Wald bezeichnet (WELLENSTEIN 1990). Als weitere Nahrungsquelle nutzen Waldameisen den Honigtau von Pflanzensaugern. Pflanzensauger dringen mit ihren

Stechrüssel in Leitungsbahnen (Siebröhren) der Baumrinde ein und nehmen dabei hochwertigen Siebröhrensaft auf. Da der Saft mehr Kohlenhydrate enthält, als die Pflanzensauger verwerten können, scheiden sie den überflüssigen Zucker in kleinen Tröpfchen, den Honigtau, aus. Diese Ausscheidungen werden von den Waldameisen als Nahrung benutzt. Dafür verteidigen die Waldameisen die Pflanzensauger vor ihren Fressfeinden. Im Sammelbereich vermehren sich die Pflanzensauger deshalb stark, wodurch auch viel Honigtau abtropft. Der Honigtau dient wiederum vielen Fliegen und Hautflüglern als Nahrung, was in der Nähe des Nestes eine große Vielfalt unter diesen Insektenarten begünstigt (BRETZ 2002).

Giftapparat: Die Waldameisen sind eng mit den Wespen und Bienen verwandt. Auch bei ihnen besitzen die Männchen keinen Giftapparat. Im Gegensatz zu den Wespen ist aber bei den Weibchen in der Evolution der Stachel zurückgebildet worden. Da die Ameisen daher über keinen Stachel verfügen, stoßen sie ihr Gift mit Druck aus. Der Strahl reicht dabei mehrere Zentimeter weit (DENKOW 2001).

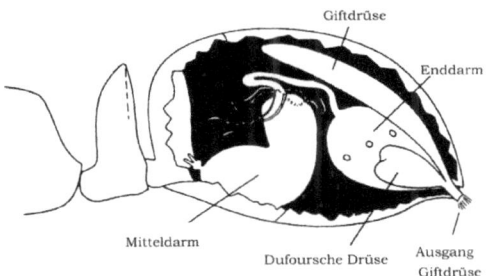

Giftdrüse

Enddarm

Mitteldarm

Dufoursche Drüse

Ausgang Giftdrüse

Abb. 40: Abbildung des Giftapparates im Hinterleib (Hölldobler & Wilson 1995). Mit einem Giftspritzer können auch Pheromone[15] freigesetzt, die in der Dufourschen Drüse produziert wurden.

---

[15] Pheromone werden in die Umgebung freigesetzt und dienen vor allem der innerartlichen Kommunikation.

Gift: Das Gift wird hauptsächlich zur Verteidigung des Nestes und zum Beuteerwerb genutzt. Es besteht hauptsächlich aus Ameisensäure (etwa 55 – 65 %). Daneben beinhaltet es noch andere Kohlenwasserstoffe und Proteine (unter anderem Pheromone). Die Ameisensäure ist für Insekten ein starkes Gift. Schon eine Aufnahme über die Tracheen[16] kann zur Lähmung und zum Tod führen (BIELFELD & ACKERMANN 2002).

Gefährdung: Gefährliche Vergiftungen durch die Waldameise kommen beim Menschen nicht vor. Der Biss in Kombination mit dem Giftstrahl ruft nur eine leichte Rötung hervor. Dagegen hilft Kühlung oder eine schmerzlindernde Salbe (ALTMANN 2002). Eine allergische Reaktion ist noch nie durch das Gift ausgelöst worden. Gelingt es, die Ameisen sofort nach dem Biss wegzuschnipsen, unterbleibt auch der lästige Giftspritzer in die Wunde.

Nutzung: Die Ameisensäure wird sehr vielfältig genutzt. Sie hilft beim Imprägnieren in der Textil- und Lederindustrie, beim Gerben, bei der Enthaarung der Haut sowie beim Ansäuern von Silofutter. Außerdem wird die Ameisensäure zum Konservieren (Zulassungsnummer E 236 in Deutschland) verwendet.

Schutz: Die Waldameise steht seit 1774 unter Naturschutz. Sie zählt damit zu den am längsten unter Naturschutz stehenden Tierarten. Sie verhindert durch ihren großen Nahrungsbedarf eine starke Vermehrung der Insekten, die Bäume befallen. Die Waldameise hat damit eine positive Wirkung für die Forstwirtschaft auf den Baumertrag (Bretz 2002).

---

[16] Röhrenförmiges Atmungsorgan der Tracheata.

4 Didaktische Diskussion

4.1. Vorbemerkungen

In diesem Abschnitt wird die Durchführung eines Projektes mit dem Thema „Giftpflanzen und Gifttiere" am Gymnasium der Stadt R. mit Hilfe der in der Sachanalyse gewonnenen Ergebnisse diskutiert.

4.2 Literatur und Gesetzliches

4.2.1. Zum Begriff „Gift" in der Literatur für die Schule

Im Vergleich zur Sachanalyse wird der Begriff" Gift in den Richtlinien und Lehrplänen Biologie (MfSWuF 1993), im Schulbuch Biologie Heute (CLAUS et al. 1994) und in zwei Themenheften von Unterricht Biologie: „Tier- und Pflanzengifte" (1989 Heft 148) und „Gifte" (2001 Heft 264) untersucht.

In den Richtlinien (MfSWuF 1993) ist der Begriff „Gift" innerhalb einzelner Themen zu finden. In den Inhalten der 5. und 6. Klasse wird das Gift im Zusammenhang der Beziehungen von Pflanzen und Menschen erwähnt. Es steht bei den Arzneipflanzen. Das Gift wird dabei als eine gefährliche Eigenschaft einer Pflanze für den Menschen gesehen, die aber in bestimmten Dosen dem Menschen helfen kann. Auf eine andere Weise wird der Begriff „Gift" bei der Atmung erwähnt. Hier wird die Wirkung des Nikotins als eine gefährliche Eigenschaft gesehen, die bei einer Nutzung als Rauschgift (Zigarette) auftritt. Bei den Monografien der Pflanzen wird der Gift im Zusammenhang mit dem Aronstab erwähnt. Hier wird das Gift als Fraßschutz vor Pflanzenfressern betrachtet. Auch bei den Tieren wird der Begriff „Gift" verwendet. Dabei wird das Gift der Wespen, Bienen, Ölkäfer und Kreuzottern als eine Eigenschaft verstanden, die zur Abwehr von Fraßfeinden wie dem Igel dient. Eine weitere Erwähnung gibt es bei der Kreuzspinne. Das Gift wird im Zusammenhang mit ihrem Beuteerwerb genannt. Er wird als aktive Eigenschaft gesehen.

Der Begriff „Gift" wird in den Richtlinien nicht einheitlich verstanden. Verschiedene Begrifflichkeiten werden nebeneinander verwendet, ohne sie zu begründen. Auf die unterschiedlichen Aspekte, die dabei zum Tragen kommen, wird nicht eingegangen. Für kritische Schüler (Querdenker) und in einem kritischen Unterricht (der in Netzwerken abläuft) kann das jedoch zu einem Hinterfragen des Begriffs führen und weiter thematisiert werden (vgl. SCHMIDT 2001).

Im Schulbuch Biologie Heute von Claus et al. 1994 wird der Begriff „Gift" im Zusammenhang mit den Gifttieren Honigbiene und Kreuzpinne erwähnt. Dieser wird bei der Kreuzspinne als eine aktive Eigenschaft gesehen, die im Zusammenhang zum Beuteerwerb steht. Bei der Honigbiene wird das Stechen des Menschen erwähnt. Hier wird das Gift als aktiv lästig und ärgerlich, aber meistens für den Menschen ungefährlich, verstanden. Der Begriff „Gift" hat im Schulbuch nur eine untergeordnete Rolle.

Die Zeitschrift Unterricht Biologie hat zwei Themenhefte über Gifte herausgegeben: „Tier- und Pflanzengifte" und „Gifte". In den Heften wird Gift in erster Linie als eine Eigenschaft von Pflanzen und Tieren gesehen, die beim Menschen zu Vergiftungen führen kann. Im Artikel „Die Dosis macht das Gift" (FISCHER 1989) aus dem Themenheft „Tier- und Pflanzengifte" wird auch der Begriff selber problematisiert. Die Hefte gehen vom Phänomen Gift aus. Der Begriff wird dabei in den Artikeln in vielfältigen Ausprägungen verstanden und behandelt. Auf diese unterschiedlichen Begrifflichkeiten kann aber hier nicht mehr eingegangen werden.

4.2.2 Inhaltliche Vorgaben

Die staatlichen Vorgaben für die Inhalte im Unterricht sind in den Richtlinien festgelegt. Im Lehrplan für das Fach Biologie (MfSWuF 1993) ist das Thema „Giftpflanzen und Gifttiere" insgesamt nicht vorgegeben, es wird aber auch nicht ausgeschlossen. Im Folgenden soll erläutert werden, in welcher Jahrgangsstufe das Thema sinnvoll in den Lehrplan integriert werden kann.

In der 5., 6. und 7. Klasse steht die Vielfalt der Lebewesen in Gestalt, Bau und Funktion und ihre verwandtschaftliche Beziehung, und innerartliches Zusammenleben und Verhalten auf dem Plan. Daneben werden in der Menschenkunde, Fortpflanzung, Sexualität und die Stammensentwicklung des Menschen bearbeitet. Auf Anschaulichkeit der Inhalte wird in diesen Jahrgangsstufen großen Wert gelegt. Dabei müssen jahreszeitliche Bezüge beachtet werden, da bei den Schülern erst allmählich die Fähigkeit vom konkreten zum abstrakten Denken wächst (MfSWuF 1993). Diese Fähigkeit ist aber für die Behandlung des abstrakten Themas „Giftpflanzen und Gifttieren" hilfreich.

In der Jahrgangsstufe 8 liegt der Schwerpunkt bei der Betrachtung der Lebewesen untereinander und zu ihrem Lebensraum. Den Schülern soll in dieser Jahrgangsstufe bewusst werden, dass sich Leben nicht nur auf der Ebene der Arten untereinander abspielt. Das Phänomen Gift kann als Vehikel dienen, um Zusammenhänge zwischen Tieren, Pflanzen, Menschen und Lebensraum aufzuzeigen. Dabei kann an bekannten Arten aus der 5., 6. und 7. Klasse angeknüpft werden. In ausgewählten Lebensräumen wie Garten oder Park können durch die Giftpflanzen und Gifttiere ökologische Grundeinsichten gewonnen werden, wie sie in den Richtlinien der 8. Jahrgangsstufe gefordert werden. Die bearbeiteten Räume können dabei für den weiteren Unterrichtsgang genutzt werden.

Das Jahr hat eine bedeutende Rolle in der Umwelterziehung. Artenschutz und Biotopschutz sind vorgeschriebene Inhalte. Wichtig sind dabei die speziellen Naturschutz- und Umweltfragen der Stadt. Beim Thema Giftpflanzen und Gifttiere kann man dafür besonders geschützte Arten nutzen, wie beispielsweise die Kreuzotter. Dabei kann deutlich gemacht werden, dass der Naturschutz auch im Umfeld der Schüler stattfindet und nicht nur in anderen Regionen der Welt. Bei einer Unterrichtssequenz können Naturschützer hinzugezogen werden, so dass die Schüler einen Einblick in den praktischen Naturschutz vor Ort gewinnen. Das Phänomen Gift kann hilfreich sein, um zu betonen, dass nicht nur die „sympathischen" Arten wie zum Beispiel der Hase, sondern auch eher unliebsame Arten wie beispielsweise die Hornisse schützenswert sind. Die Erdkröte kann behandelt werden, um die enge Verbindung zwischen Biotop- und Artenschutz aufzuzeigen (siehe Sachanalyse Erdkröte).

In der Klasse 9 ist der Mensch das Thema. Die Behandlung von Giftpflanzen und Gifttieren ist in dieser Jahrgangsstufe kaum möglich.

Die Behandlung des Themas Giftpflanzen und Gifttiere ist in der 8. Klasse durch die Richtlinien möglich und gut dafür geeignet. Es können dabei verschiedene vorgeschriebene Inhalte der Grundlagen ökologischer Lebensgemeinschaften erfüllt werden. Anknüpfungspunkte sind in den Unterrichtsinhalten aus der 5., 6. und 7. Klasse vorhanden. In der 9. Klasse könnte es als interessanter Einstieg des Themas Mensch beispielsweise beim Thema Verdauung dienen.

Im Rahmen des Freiraums, den die Richtlinien geben, ist die Umsetzung des Themas in der 8. Klasse möglich und sinnvoll.

4.2.3 Sicherheitsvorschriften

Die Sicherheit der Schüler ist bei dem Thema „Giftpflanzen und Gifttiere" sehr wichtig. Sie hat immer höchste Priorität und steht somit vor dem Gewinn neuer Erkenntnisse oder anderer Ziele. Ein Unfall, auch ein leichter, kann neben den negativen Auswirkungen für den Einzelnen, das ganze Thema negativ beeinflussen. Vorschriften zur Sicherheit sind in den Richtlinien zur Sicherheit im naturwissenschaftlichen Unterricht vom Bundesverband der Unfallversicherungsträger der öffentlichen Hand 1995 zu finden. Um Unfälle beim Arbeiten mit giftigen Pflanzen und Tieren zu vermeiden, müssen die Schüler über die Giftigkeit und mögliche allergische Reaktionen beziehungsweise über die Gefährlichkeit der behandelten Tiere und Pflanzen informiert werden. Vor Beginn des Themas muss auf die Gefahren aufmerksam gemacht werden. Beim „praktischen Teil" muss ein sachgemäßes Verhalten eingehalten werden. Pflanzen, die durch Berühren Vergiftungen oder Allergien auslösen können, wie Fingerhut, Riesen-Bärenklau und Efeu (siehe Sachanalyse) dürfen nicht von Schülern angefasst werden. Das Anfassen sehr stark giftiger Pflanzen bzw. Pflanzenteile ist ebenfalls nicht gestattet. Eine sehr stark giftige Pflanze ist beispielsweise die Herbst-Zeitlose[17] (siehe Sachanalyse). Pflanzen, die nicht als stark giftig eingeschätzt werden, dürfen angefasst werden. Es darf während dieser Phase weder getrunken noch gegessen werden, um mögliche Vergiftungen zu vermeiden. Im Anschluss an den Unterrichtsgang müssen die Hände gewaschen werden, um mögliche Giftreste zu entfernen. Eventuell kann man vom Chemieunterricht profitieren, bei dem die Schüler ähnliche Sachverhalte beachten müssen.

Während des Umgangs mit Tieren, die eventuell lebensgefährliche Allergien hervorrufen können wie Bienen,

---

[17] Veröffentlichte Liste von giftigen Pflanzen erschienen im Bundesanzeiger 10.3.1975. Danach sind sehr stark giftige Pflanzen bzw. Pflanzenteile solche, die schon in geringen Mengen lebensgefährlich sind.

Wespen, Hornissen sind besondere Maßnahmen erforderlich. Die Eltern müssen durch einem Brief über die bevorstehenden Arbeiten informiert werden und ihr Einverständnis geben. Eine Erklärung, dass das Kind keine Insektengift-Allergie hat, ist dabei einzuholen. Weiterhin ist es notwendig, vor dem Beginn der Arbeit mit den Schülern Verhaltensregeln einzuüben und die Notfallapotheke zu ergänzen (siehe Sachanalyse Wespe).

Beim Umgang mit Gifttieren sind die Gefahren von Fall zu Fall unterschiedlich und die Sicherheit (Schutz) der Schüler muss immer im konkreten Einzelfall erfolgen.

4.2.4 Naturschutzgesetze

Die gesetzlichen Bestimmungen des Biotop- und Artenschutzes sind in Bezug auf das Thema Giftpflanzen und Gifttiere besonders zu beachten. Daher ist es nötig die Bundesartenschutz-Verordnung (BarSchV 1980), das Bundesnaturschutzgesetz (BnatSchG) und das Landschaftsgesetz NRW zu kennen.

Das Bundesnaturschutzgesetz regelt den Umgang mit wildlebenden Tieren und Pflanzen in Deutschland. Die Umsetzung des Gesetzes ist jedoch Ländersache und daher nicht in allen Bundesländern einheitlich. Hilfen bei Fragen findet man bei der Landschaftsbehörde oder dem Umweltamt der Stadt. Sehr wichtig ist der § 41 im BnatSchG. Er besagt, dass man alle wildlebenden Tiere nicht mutwillig beunruhigen oder ohne vernünftigem Grund fangen, verletzten oder töten darf. Wildlebende Pflanzen dürfen nicht ohne vernünftigen Grund von ihrem Standort entnommen, genutzt, niedergeschlagen oder verwüstet werden. Für den Unterricht heißt das, dass wilde Tiere und Pflanzen genutzt werden können, wenn es pädagogisch zu begründen ist. Eingeschränkt wird dies jedoch beispielsweise durch § 42 der den Umgang mit besonders geschützten Arten regelt. Diese Arten dürfen auf keinen Fall in irgendeiner Weise beeinträchtigt werden, das bedeutet sie dürfen u. a. nicht angefasst werden. Auch tote Tiere dürfen nicht angefasst oder der Natur entnommen werden. Die besonders geschützten Arten sind in der BarSchV (1980) aufgeführt.

Das Landschaftsschutzgesetz NRW soll für spätere Generationen wertvolle Landschaften bewahren. Es besagt, dass Arbeiten in Landschaftsschutzgebieten nur mit Sondergenehmigung erlaubt und in Naturschutzgebieten grundsätzlich verboten sind.

Die Bestimmungen und Gesetze müssen, wenn es nicht nur Worthülsen bleiben sollen, im Unterricht beachtet werden. Naturschutz muss ein Unterrichtsprinzip sein (PASTERNAK & STOCKFISCH 1953). Letztlich dienen die Gesetze dem Schutz der Tiere und Pflanzen, der Natur. Eine strikte Befolgung ist deshalb eine Selbstverständlichkeit.

4.2.5 Vorschriften zum außerschulischen Arbeiten

Die Vorschriften des außerschulischen Unterrichts werden größtenteils in den Wandererlassen geregelt. Daneben gibt es auch Hinweise in den Richtlinien. In der vorliegenden Arbeit werden diese Aspekte allerdings nicht näher behandelt. Sie sind in den oben genannten Quellen nachzulesen und müssen mit der Schulleitung vor Ort abgestimmt werden.

4.3 Zielvorgaben

4.3.1 Unterrichtsprinzipien

Der Schüler steht bei den folgenden Überlegungen im Mittelpunkt. Sein Zugang, seine Beobachtungen, seine Erfahrungen, seine Interessen und seine Probleme bilden den Kern. Die Schülerrelevanz wird vor allem auf Inhalte und deren Darbietung verstanden. Auswahl, Formulierungen und Vertiefung von Begriffen und Inhalten orientieren sich an den Schülern (vgl. SCHMIDT 2001). Den Schülern sollen die

Zusammenhänge zwischen eigener Erfahrung, unterrichtlich erworbener Erkenntnis und konkreter Anwendungsmöglichkeit deutlich werden (MFSWUF 1993).

Es sollen in der Schule weiterhin Hilfen zur Entwicklung einer mündigen und sozial verantwortlichen Persönlichkeit gegeben werden. Aufklärung, Mündigkeit und Selbstbestimmung sind grundlegende Erziehungsaufträge. Sie lassen sich aber nicht direkt erreichen. Sie können nur durch möglichst günstige Lernmöglichkeiten, in denen die Lerner selbstbestimmte Selbstaufklärung betreiben können, angestrebt werden (ESCHENHAGEN et al. 1998). Dabei sollen individuelle Fähigkeiten entfaltet werden, soziale Verantwortung aufgebaut werden, die demokratische Gesellschaft gestaltet werden, eine Auseinandersetzung mit Normen und Werten erfolgen und die Kultur mitgestaltet werden (MFSWUF 1993). Diese Ziele sind nur durch eine hohe Eigenständigkeit der Schüler zu verwirklichen. Es müssen Lernsituationen geschaffen werden, bei denen Schüler möglichst selbstständig und selbstbestimmt arbeiten. Im normalen Regelunterricht lassen sich diese hohen Bildungsziele, die auch teilweise in den Richtlinien gefordert werden, kaum erreichen.

Bei der Bildung der Schüler ist insgesamt das Verständnis von elementaren und fundamentalen Zusammenhängen von entscheidender Bedeutung. Das Elementare ist für das fachliche Verständnis von Biologie wichtig und das Fundamentale für das Selbst- und Weltverständnis des Menschen. Der ganze Mensch, nicht nur der Verstand, muss dazu angesprochen werden. Das Denken in Zusammenhängen hat dabei Vorrang gegenüber dem (enzyklopädischen) Anhäufen von Einzelfakten und „Schubladendenken" (vgl. SCHMIDT 2001).

Diese Prinzipien sollen bei der Behandlung des Themas „Giftpflanzen und Gifttiere" in der Schule beachtet werden. Es entspricht weitgehend den Prinzipien des Arbeitsunterrichts[18] mit einem Persönlichkeitsbezug.

4.3.2 Didaktische Re-Konstrukion

Das Thema „Giftpflanzen und Gifttiere" ist, wie bereits erläutert wurde sehr komplex. Ein Problem beim Phänomen Giftpflanzen und Gifttieren besteht darin, dass es dazu vielfältige, konfuse und häufig unangemessene Meinungen gibt, die auch in den Klassen vorkommen. Häufig werden auch in der Presse haltlose Behauptungen aufgestellt (vgl. FROHNE & PFÄNDER 1997).

Abb. 41: Ausschnitte verschiedener Zeitungsartikel (FROHNE & PFÄNDER 1997).

---

[18] Unter Arbeitsunterricht versteht man die Verknüpfung des Lernens mit praktischem Tun, meist mit handwerklicher Arbeit.

Bei der Behandlung in der Schule muss jeder Lehrer sich solchen Artikeln aus der Presse stellen. Sie können für einen problemlösenden Unterricht können sie genutzt werden. Eigene Erfahrungen der Schüler, wie Bienenstiche oder Hautverbrennungen durch Riesen-Bärenklau etc. müssen ebenso im Unterricht Beachtung finden. Ansonsten besteht die Gefahr, dass die Schüler den Unterricht als losgelöst von ihrem Alltag betrachten (vgl. ESCHENHAGEN 1998).

Am Phänomen „giftige Pflanzen und giftige Tiere", entsteht das Teilproblem „Vergiftungen beim Menschen". Dieses Teilproblem wird weiter untersucht werden. Es führt dabei zu einer Fragenkette, die immer weiter von den Schülern selbstständig aufgearbeitet wird.

Auch mögliche Ängste und andere Gefühle der Schüler müssen beachtet und dürfen nicht übergangen werden. Das Prinzip von Pestalozzi, Lernen mit Kopf, Herz und Hand (WERNER & MEYER 2002), kommt bei dem Thema „Giftpflanzen und Gifttiere" besonders stark zur Geltung. Gift und Gefahr sind eng miteinander verknüpft (siehe Einleitung) und rufen häufig starke Emotionen hervor. In seiner Theorie verweist Pestalozzi darauf, dass Lernen immer von Gefühlen begleitet wird. Und auch umgekehrt beeinflussen Gefühle Lernvorgänge (BEUREN & DAHM 2000). Diese Vorgänge müssen in die Planung und in das Thema mit einfließen.

Insgesamt heißt das, dass nicht nur die biologischen Fakten über Gifttiere und Giftpflanzen aus der Wissenschaft wichtig sind. Es müssen die Ansichten, Meinungen, Gefühle und Erfahrungen der Schüler in die Gestaltung des Themas mit einfließen. Unter Beachtung dieser Sachverhalte wird der Inhalt für die Schüler umgearbeitet. In der Fachdidaktik spricht man von einer Transformation (vgl. SCHMIDT 2001).

Bei der Bearbeitung im Unterricht soll außerdem versucht werden, die originale Begegnung mit den Giftpflanzen und

Gifttieren in den Lebensräumen wiederherzustellen, zu rekonstruieren. Diese Primärerfahrung ist in der Fachwissenschaft nicht mehr von Bedeutung und wird von ihr vernachlässigt. Hilfe kann man sich vom „Praktiker[19]" holen, um diese pädagogisch wertvolle Begegnung zu schaffen. Dahinter steht das Prinzip, dass das reale Objekt Vorrang vor jedem Buchwissen hat (SCHMIDT 2001). Insgesamt wird durch die Beachtung dieser Sachverhalte das Phänomen Giftpflanzen und Gifttiere in der Schule nicht einfacher sondern sehr viel komplexer.

Die Beschäftigung mit diesem Phänomen Giftpflanzen und Gifttiere im Unterricht soll letztlich zu einer Übertragung in ihren Alltag führen. Die Schüler können dabei zu ihrem eigenen Schutz lernen, eine Vergiftung zu vermeiden und bei Vergiftungen anderer richtig zu helfen. Bei dem Thema soll außerdem versucht werden, Furcht und Angst vor giftigen Pflanzen und Tieren durch bewusstes Erkennen und Einschätzen der Gefahren zu verringern.

Die Struktur der didaktischen Re-Konstruktion wurde von BERCK 2001 übernommen.

4.3.3 Projektunterricht in arbeitsteiligen Kleingruppen

Durch die hohe Komplexität des Themas im Unterricht (siehe Didaktische Rekonstruktion) und durch die geforderte selbstständige und selbstbestimmte Tätigkeit (siehe Unterrichtsprinzipien) ist die Durchführung im Regelunterricht problematisch. Besser eignet sich daher ein Projekt, ständiges zeitraubendes Einarbeiten und Eindenken zu Beginn jeder Stunde entfällt. Die komplexen Sachverhalte sind in der Zeit zwischen zwei Biologiestunden schnell vergessen. Immer wieder sind deshalb Wiederholungen nötig. In einem Projekt wird

---

[19] Darunter werden Menschen verstanden, die mit den Tieren oder Pflanzen arbeiten, sie schützen, nutzen oder ihnen häufig begegnen. Sie zeichnen sich durch viele eigene Erfahrungen aus, die sie mit diesen Tieren und Pflanzen gemacht haben.

dagegen ständig an diesem komplexen Sachverhalt gearbeitet. Die Wiederholungsphasen werden dadurch stark verringert. Ein weiterer Vorteil eines Projektes besteht darin, dass die Lernorte für eine längere Zeit aufgesucht werden können, nicht nur für 45 oder 90 Minuten (abzüglich der Dauer für die Wegstrecke). Längere zeitintensivere Arbeiten sind dadurch erst möglich. In einem Projekt lernen die Schüler nach ihren eigenen Vorstellungen. Die Ziele sind dabei situationsbestimmt und damit selbstbestimmt (SCHMIDT 2001).

Projekte werden durch eine Vielzahl von Merkmalen gekennzeichnet. Nach STAECK (1995) kann man ein Projekt in sechs Phasen gliedern.

1) Motivation
Die Lebenswirklichkeit der Schüler liefert den Anlass zur Durchführung des Projektes. Das können Erfahrungen, Anlässe aus dem Umfeld, Fragen und Probleme der Schüler sein.

2) Problemstellung
Die Rahmenbedingungen und das Vorwissen der Schüler und des Lehrers (die Projektmitglieder) werden zu einem Problem verdichtet.

3) Projektplanung
Der zeitliche Ablauf, die Arbeitsmittel, die Arbeitsformen, Auswertung und die Art der Ergebnisdarstellung werden von den Schülern und dem Lehrer gemeinsam diskutiert und von ihnen zusammen festgelegt.

4) Projektdurchführung

Die Arbeiten zum Projekt beginnen. Dabei ist es hilfreich, wenn regelmäßig Besprechungen mit Reflexionen stattfinden. In ihnen können Probleme besprochen und Korrekturen vorgenommen werden.

5) Ergebnisdarstellung

Die Ergebnisse werden vorgestellt, diskutiert und zu einem Gesamtprodukt zusammengestellt.

6) Präsentation

Das Produkt wird öffentlich präsentiert. Das kann durch eine Ausstellung, ein Poster o. ä. erfolgen.

Eine Klasse zeichnet sich durch Heterogenität in Bezug auf soziale Herkunft, Interesse, Begabungsschwerpunkte, Lernbereitschaft, Arbeitsgeschwindigkeit und weitere Eigenschaften der Schüler aus (ESCHENHAGEN et al. 1998). Um beim Projekt diesem Problem gerecht zu werden, muss eine Differenzierung der Schüler erfolgen. Hierzu bieten sich arbeitsteilige Kleingruppen (Gruppengröße zwischen drei und vier Schülern) an. Mit dieser Sozialform können verschiedene Ziele (siehe Zielsetzung) erreicht werden. Je nach Leistungsvermögen einer Gruppe können unterschiedliche Schweregrade gesetzt werden. Eine individuelle Förderung ist damit erleichtert. Des Weiteren ist durch die arbeitsteilige Arbeit eine breite Auswahl an Themen möglich. Besondere individuelle Interessen und Fähigkeiten der Schüler können besser berücksichtigt werden (ESCHENHAGEN et al. 1998). Außerdem ist das Ergebnis in einer kleinen Gruppe von jedem abhängig, so wird die eigene Verantwortung jedes Gruppenmitgliedes deutlich. Bei der Behandlung des Themas Giftpflanzen und Gifttiere fördert es die Sicherheit. Durch Arbeiten in einer kleinen Gruppe zu einem überschaubaren Thema können Schüler als Experten mögliche Gefahren besser einschätzen und somit verringern. Gleiches gilt für die Naturschutzgesetze.

4.4 Erprobung an der Schule

4.4.1 Planung

4.4.1.1 Schule und Lehrer

Die Erprobung an der Schule wurde von mir als wünschenswert angesehen. Um das Thema umzusetzen, suchte ich das Gymnasium der Stadt R. auf. Zur Zeit gibt es dort circa 900 Schüler und 58 Lehrer. Die Schule versteht sich als soziale, leistungsorientierte Halbtagsschule. Der Lehrer Herr J. erklärte sich bereit, mit mir das Thema umzusetzen. Er ist Vorsitzender im Fach Biologie. Das Praktikum wurde im Rahmen der Vertiefung in E 2 gemacht.

4.4.1.2 Lernorte in der Stadt

Die Stadt ist ein Mittelzentrum am Niederrhein mit ungefähr 30.000 Einwohner. Es ist eine grüne Stadt am Rand des Ruhrgebietes. Der Rhein begrenzt das Stadtgebiet im Osten. In der Stadt gibt es viele mittelständische Unternehmen. Die Landwirtschaft hat zusätzlich eine große Bedeutung. Die Gegend wird durch die Agrarwirtschaft und den Rhein geprägt. Felder, Hecken, Auen und Gewässer bestimmen dieses Bild. Wald hingegen gibt es wenig. Durch den Charakter einer Kleinstadt gibt es viele Einzelhäuser mit großem Garten, auch ein Stadtpark ist vorhanden. Sehr interessant für den Biologieunterricht ist der Reptilienzoo. In einem Unterricht können diese unterschiedlichen Lebensräume aus dem Umfeld der Schüler als Lernorte genutzt werden, um Schülern die Begegnung mit giftigen Tiere und Pflanzen zu ermöglichen (siehe Unterrichtsprinzipien). Zusätzlich sind am Wegrand bzw. Straßenrand viele interessante Arten anzutreffen.

Literatur für ein Thema „Giftpflanzen und Gifttiere" kann aus der Bücherei in R. (direkt an der Schule) ausgeliehen werden. Die Auswahl an Fachbüchern für dieses Thema ist für die Schüler ausreichend, zudem können Computer mit Internetzugang in der Schule genutzt werden.

4.4.1.3 Auswahl der Arten

In einigen der oben erwähnten möglichen Lernorte (Garten, Wegrand, Straßenrand, Stadtpark, Reptilienzoo, Aue und Wald) sind verschiedene giftige Pflanzen und Tiere in R. anzutreffen. Nach Vorkommen, Häufigkeit und Bedeutung für die Schüler wurden folgende Arten unter Bezug auf den jeweiligen Raum für eine mögliche Behandlung im Projekt ausgesucht:

1. Garten: Efeu, Goldregen, Kartoffel, Wespe, Honigbiene
2. Wegrand/ Straßenrand: Große Brennessel, Tüpfel-Johanniskraut, Riesen-Bärenklau, Schwarzer Holunder, Herbst-Zeitlose, Erdkröte, Kreuzspinne
3. Stadtpark: Stechpalme, Fingerhut
4. Reptilienzoo: Kreuzotter
5. Aue: Pfaffenhütchen, Hornisse
6. Wald: Aronstab, Waldameise

4.4.1.4 Konzept der Unterrichtseinheit

Für die Umsetzung des Themas nach den oben aufgeführten Überlegungen ist eine Projektwoche in der 8. Jahrgangsstufe ideal. Leider gibt es am Gymnasium keine Projektwoche. Daher entschloss ich mich, eine **Unterrichtsreihe in Projektform** durchzuführen. Dazu wurde die Klasse 8 c ausgewählt. Die Unterrichtssequenz konnte in der Zeit von Anfang April bis Mitte Mai stattfinden.

In der Klasse gab es 29 Schüler (16 Mädchen und 13 Jungen). Die Artenkenntnis der Schüler in dieser Klasse ist sehr gering.

Deshalb beschloss ich, den Schülern einige „Giftarten" vorzustellen. Um auch dabei weitgehend die Unterrichtsprinzipien zu beachten, wählte ich für dieses Vorhaben die Stationsarbeit aus. Bei dieser Unterrichtsform sollen die Schüler ohne Anleitung des Lehrers einfache Arbeitsaufgaben erfüllen. Dadurch soll selbstständiges und kooperatives Arbeiten und Lernen gefördert werden. Der Lehrer hierbei hat nicht mehr die Rolle des Wissensvermittlers, sondern er soll vielmehr die Schüler bei dem Lösen der Aufgaben unterstützten. Die Lernperspektive der selbstständigen Schüler hat hierbei Vorrang vor der Lehrerperspektive (BEUREN & DAHM 2000). Weiterführend kann das Buch „Lernziel: Stationsarbeit. Eine neue Form des offenen Unterrichts." von HEGELE 1997 genannt werden. Durch das Lernen an Stationen kann zusätzlich ein breites Spektrum unterschiedlicher Themen abgedeckt werden.

Der Stationsunterricht lehnt sich an den Artikel „Giftpflanzen und Gifttiere" (BEIKE & RUHS 2001) aus Unterricht Biologie an. Dieser war für die Primar- und Orientierungsstufe konzipiert und wurde von mir umgearbeitet. Die Auswahl der Tiere und Pflanzen richtete sich dabei nach den vor Ort lebenden Arten (siehe Auswahl Arten). Ich konstruierte insgesamt sechs Stationen:

a. Bestimmen von giftigen Kräutern durch den Kosmos Naturführer: Was blüht denn da? (AICHELE & GOLTE-BECHTLE 1997)

b. Was ist bei einer Pflanzenvergiftung zu unternehmen?

c. Nutznießer von Pflanzengiften

d. Bestimmen von giftigen Bäumen (Abbildungen) durch den Naturführer: Bäume und Sträucher des Waldes (SCHAUER & CASPARI 1997).

e. Pflanzenkreuzworträtsel

f. Bestimmen von giftigen Tieren (Abbildungen) durch den Tier- und Pflanzenführer für unterwegs (ZIEMER 1989).

Das Konzept war grob in zwei Abschnitte eingeteilt, wobei das Projekt noch in Untersuchen und Präsentieren gegliedert werden kann. Das Unterrichtskonzept sieht zusammengefasst folgendermaßen aus:

1. Stationsarbeit: Kennenlernen einzelner Giftpflanzen und Gifttiere
2. Projektarbeit
    2.1. Untersuchung einzelner Arten
    2.2. Präsentation der Ergebnisse

4.4.2 Durchführung

4.4.2.1 Beginn der Unterrichtssequenz

In der ersten Stunde nach den Osterferien wurden das Unterrichtskonzept und meine Person der Klasse von Herrn J. vorgestellt. Die Art der Präsentation bei der Projektarbeit wurde dabei gemeinsam mit der Klasse festgelegt. Auf Grund der Giftigkeit und der daraus resultierenden möglichen Gefährdungen und den Naturschutzgesetzen wurde die Ausstellung mit Realobjekten als problematisch angesehen und daher verworfen. Gemeinsam beschlossen wir, die Ergebnisse in Referatsform vorzustellen und diese dann gemeinsam in einem Sammelband herauszugeben. Der Sammelband sollte dabei auch anderen interessierten Schülern zugänglich gemacht

werden. Nachdem diese Dinge geklärt waren, wurden Gruppen für den Stationsunterricht gebildet.

4.4.2.2 Kennenlernen einzelner Giftpflanzen und Gifttiere

Durchführung

An sechs Tischgruppen lagen Material und die Aufgaben aus. Von den Schülern sollten die Arbeitsaufgaben selbstständig gelöst werden. Die Ergebnisse wurden auf einem Laufzettel festgehalten. Pro Station waren ungefähr zehn Minuten eingeplant. Danach sollte die Station im Uhrzeigersinn gewechselt werden. Bei Fragen stand ich den Schülern zur Verfügung. Für das Durchlaufen aller Stationen waren zwei Unterrichtsstunden vorgesehen, allerdings erwies sich die Zeitplanung als zu knapp. So verlängerte ich die Dauer pro Station, daher benötigte ich drei Unterrichtsstunden.

Das Arbeiten funktionierte in den einzelnen Gruppen gut, an den Stationen wurde die Aufgabe sehr konzentriert und gewissenhaft gelöst.

In der folgenden Stunde begann die Vorstellung der Ergebnisse. Jede Gruppe stellte dazu die Lösung einer Station vor. Diese Lösung wurde zusammen in der Klasse besprochen. Bei der Besprechung nahmen die anderen Gruppen Ergänzungen und Verbesserungen in ihrem Laufzettel vor. Die Besprechung der Ergebnisse dauerte noch mal zwei Stunden.

Kritik

Das Arbeiten an den Stationen lief im Unterricht sehr ruhig und konzentriert. Aber letztendlich wurde hier hauptsächlich enzyklopädisch Wissen angehäuft. Die angestrebte selbstbestimmte Selbstaufklärung (siehe Unterrichtsprinzipien) kam bei diesem Stationsunterricht nur begrenzt zum Tragen. Auch das Arbeiten am Original kam zwangsläufig zu kurz.

4.4.2.3 Erkundung der Lernorte

In der nächsten Stunde wurde eine zweistündige Exkursion zum Kennenlernen der Räume der Giftpflanzen in der Schulumgebung durchgeführt. Angeknüpft wurde dabei an die in den Stationen bearbeiteten Pflanzen. Für das Aufsuchen giftiger Tiere war die Zeit nicht ausreichend. Für die Pflanzen wurde ein Arbeitsblatt erstellt.

Verschiedene giftige Pflanzen wurden vor Ort in Augenschein genommen und im Arbeitsblatt bearbeitet. Als Lebensräume für die Pflanzen und Tiere betrachteten und besuchten wir den Wegrand/ Straßenrand, Gärten und den Stadtpark.

In der folgenden Stunde wurde die Exkursion besprochen. Es sollte zuerst eine kleine Überprüfung der gesehenen Arten stattfinden, wozu Arten vor der Stunde gesammelt wurden. Dazu brachte ich noch einige nicht gesehene Pflanzenarten aus der näheren Umgebung mit. Anschließend wurde das Arbeitsblatt der Exkursion besprochen.

4.4.2.4 Auswahl der Arten

Als nächstes wurden die Tiere und Pflanzen ausgewählt, die die Schüler innerhalb von drei Schulstunden untersuchen wollten. Zur Auswahl standen alle Giftpflanzen und Gifttiere, die in R. zu dieser Zeit anzutreffen waren. Wollten mehrere Schüler dasselbe Tier bzw. dieselbe Pflanze behandeln, wurde ausgelost. Die Schüler wählten folgende Giftpflanzen und Gifttiere aus:

Kreuzotter, Kreuzspinne, Hornisse, Wespe, Biene, Waldameise, Efeu, Goldregen, Brennessel, Aronstab

Nachdem die Auswahl der Gruppen erfolgt war, wurden die jeweiligen Sicherheitsvorschriften in den einzelnen Gruppen besprochen. Beim Untersuchen der Giftpflanzen und Gifttiere waren die Richtlinien zur Sicherheit im naturwissenschaftlichen Unterricht (siehe Sicherheitsvorschriften) zu beachten. Besonders problematisch waren hier die Gruppen der Hautflügler (mit Ausnahme der Ameisen). Auf Grund von Bedenken seitens des Biologielehrers wurde das Bearbeiten der Hautflügler von vornherein auf Literatur und Präparate der

Biologie beschränkt. Bei den anderen Gifttieren in R. liegen keine wesentlichen Gefährdungen vor. Die Kreuzotter befindet sich im Terrarium, ein Kontakt kann nicht stattfinden. Die Kreuzspinne kann den Menschen auf Grund ihrer Morphologie nicht beißen (siehe Sachanalyse Kreuzspinne). Das Gift der Ameisen hat beim Menschen bisher keine allergischen Reaktionen ausgelöst. Ein Biss ist höchstens lästig (siehe Sachanalyse Waldameise). Bei der Erdkröte kann das Gift nur in besonderen Ausnahmefällen zu leichten Vergiftungen führen, da sie nach dem Naturschutzgesetz nicht angefasst werden darf (siehe Sachanalyse Erdkröte). Bei den „Giftpflanzen-Gruppen" war die Sicherheitsbesprechung einfacher. Sie erfolgte nach dem in den Sicherheitsvorschriften besprochenen Rahmen.

4.4.2.5 Untersuchung

<u>Durchführung</u>

Die Giftpflanzen und die Gifttiere wurden mit einem bestimmten theoretischen Hintergrund von den Schülern gesehen. Dieser Vorgang wird als Untersuchung bezeichnet. Im Gegensatz dazu steht das Beobachten oder Betrachten, das ohne einen bestimmten theoretischen Hintergrund erfolgt (vgl. SCHMIDT 2001). Die Schüler sollten bei ihren Untersuchungen zu ähnlichen Ergebnissen wie in der Sachanalyse gelangen.

Für Fragen und Anregungen stand ich der Klasse zur Verfügung. Das Phänomen Gift bildete den Hintergrund bei der Untersuchung. Die Schüler hatten die Möglichkeit in der Schulstunde mit Begleitung nach draußen zu gehen, und dort die Tiere und Pflanzen zu untersuchen. Einige Schüler nutzten diese Möglichkeit und untersuchten die Brennessel- und Efeugruppe. Die Kreuzottergruppe suchte an einem Nachmittag selbstständig den Reptilienzoo auf. Die Untersuchung der einzelnen Tiere und Pflanzen fand teilweise nur mit Literatur und dem Internet statt.

Kritik

Die Organisation des Unterrichts war noch nicht ganz auf die Möglichkeiten vor Ort abgestimmt. So konnte die reale Begegnung mit den Pflanzen und Tieren nicht in allen Gruppen erreicht werden. Damit wurde ein wesentliches Ziel verfehlt. Die Umsetzung vor Ort und in der Klasse war nicht immer einfach. Es empfiehlt sich beim Untersuchen der Tiere und Pflanzen die Erfahrungen eines „Praktikers" zu nutzen. In R. können beispielsweise Imker, Mitarbeiter des Reptilienzoos oder Gärtner in den Unterricht mit eingebunden werden.

Beim selbstständigen Untersuchen empfiehlt es sich, den Schülern bei Schwierigkeiten Leitfragen zur ersten Orientierung zu geben. Diese können zusammen mit den Schülern erarbeitet werden. Sie könnten nach den Erfahrungen im Unterricht in etwa so aussehen:

- Wo leben die Giftpflanzen und Gifttiere?
- Was ist bei ihnen giftig?
- Haben sie spezielle „Werkzeuge" um ihr Gift zu verabreichen?
- Welche Aufgabe hat das Gift in der Natur?
- Wie kommt es zur Begegnung mit den Menschen (Alltag)?
- Wie kommt es zu Vergiftungen bei Menschen (Alltag)?
- Wie groß ist die Gefahr, sich zu vergiften?
- Wie kann man die Gefahr einer Vergiftung verringern?
- Was für Folgen hat eine Vergiftung?
- Wie sehen Gegenmaßnahmen aus?
- Welchen Nutzen hat das Gift für die Menschen?

4.4.2.6 Präsentieren

Durchführung

Als Präsentationsform wurde, wie bereits erwähnt, das Referat gewählt. Beim Präsentieren der Giftpflanzen und Gifttiere sind Sicherheitsvorschriften und die Naturschutzgesetze (siehe oben) zu beachten. Durch diese Regelungen ist die Präsentation, genauso wie das Untersuchen, von Anfang an stark eingeschränkt. Die Ergebnisse der einzelnen Gruppen wurden vorgetragen und nach Bedarf mit Skizzen, Fotos, Präparaten, Modellen oder Originalen angereichert. Die Schüler sorgten teilweise selber für diese Materialien, bei anderen Gruppen half ich.

Die Ergebnisvorstellung dauerte ca. drei Stunden. Die Berichte der Schüler wurden nachher vom Biologielehrer eingesammelt und benotet. Die Besprechung der Arten dauerte dabei sehr lange und eine gewisse Unruhe kam auf. Das lässt darauf schließen, dass die Motivation sank, außerdem fällt es den Schülern wahrscheinlich schwer, sich so lange mit einer Thematik zu befassen.

Kritik

Die Präsentation hatte ich anders geplant. Sie sollte nicht nur intern durchgeführt werden, sondern bei der Vorstellung sollte auch die örtliche Presse anwesend sein. Die Präsentation in Form eines Referates ist bei einer nächsten Unterrichtsreihe zu überdenken. Die Vorstellung gestaltete sich meistens als ein reines Aufzählen der Untersuchungsergebnisse, eventuell muss das Referat erst genau eingeübt werden. Die Schüler als „Experten" hatten große Schwierigkeiten diese in einer spannenden Form darzustellen, auch wenn sie anschauliches Material für die Präsentation hatten. Zu kritisieren ist, dass diese Form für die Schüler neu war. Für die anderen Schüler war es dem zu Folge ein monotoner Frontalunterricht. Die aufgekommene Unruhe in der Klasse wird so verständlich.

Eine Alternative wäre eine Fotopräsentation, die in Form eines Plakates erfolgen kann. Die Schüler wären dabei gezwungen, ihre Vielzahl an Untersuchungsergebnissen umzugestalten. Dabei müssen sie diese stärker als bei einer reinen Aufzählung reflektieren und aufarbeiten. Zwangsläufig werden dabei die Inhalte vertieft. Viele Schüler besitzen schon eine Digitalkamera, so könnten eigene Fotos problemlos gemacht werden. Die teuren Farbausdrucke könnten in der Schule erfolgen. Das Arbeiten ist auch mit den Naturschutzgesetzen bzw. Sicherheitsvorschriften zu vereinbaren, obwohl auch hier der Umgang mit der besonders geschützten Arten zu beachten ist (siehe Naturschutzgesetz).

Beim kreativen Gestalten eines Plakates kann man versuchen, künstlerisch begabte, interessierte Schüler, die in der Biologie eher desinteressiert sind, stärker mit einzubinden. Es kann auch eine Technikergruppe gebildet werden. In ihr können Schüler integriert werden, die besonders gut fotografieren oder mit dem Computer umgehen können. Diese Gruppe sollte dann den anderen beim Fotografieren und in der Bildbearbeitung helfen.

Außerdem können auch teilweise Originalpräparate verwendet werden. Tote Bienen und Wespen fallen zwangsläufig bei Bäcker oder Imker an. Die Präparate können beispielsweise gut mit Glasnadel auf Styropor aufgespießt und mit passenden Hinweisen ausgestellt werden.

4.4.2.7 Fazit

Das Praktikum dauerte von Mitte April bis Anfang Juni. Es umfasste insgesamt 14 Unterrichtsstunden. Eine ärgerliche aber nicht zu vermeidende Tatsache waren Leerlaufphasen, die ein kontinuierliches Arbeiten erschwerten. Das Praktikum zog sich dadurch in die Länge. Die Schüler mussten sich dabei in jeder Stunde wieder neu in das Thema hineinarbeiten. Bei einer Projektwoche würden diese Probleme entfallen.

Die Bearbeitung und Beschaffung der Informationen zu den jeweiligen Arten bei der Untersuchung und Präsentation im Unterricht (Biologie, Sicherheitsvorschriften, Naturschutzgesetze) war durch das breite Artenspektrum schwierig und sehr zeitaufwendig. Um dieses Spektrum zu verkleinern, ist eine Trennung von Giftpflanzen und Gifttieren sinnvoll. Die Informationsbeschaffung und die Sicherheit ist bei den Giftpflanzen einfacher zu handhaben. Außerdem können die Pflanzen leichter in ihren Lebensräumen aufgesucht werden. Motivierender waren für die Schüler die Gifttiere. Sie wurden bei der Auswahl von fast allen Gruppen bevorzugt. Für die Begegnung vor Ort ist ein größerer Aufwand von Schülern und Lehrern notwendig. In einem nächsten Projekt zu diesem Thema würde ich die „Giftpflanzen" bevorzugen. Die letztendliche Entscheidung für „Giftpflanzen" oder für „Gifttiere" ist auf die jeweilige Klasse und die Situation vor Ort abzustimmen.

Bei der Re-Konstruktion der Giftpflanzen und Gifttiere bin ich im Unterricht auf Schwierigkeiten gestoßen. Die Berücksichtigung der Schülerinteressen, -erfahrungen und der Erkenntnisse der Fachwissenschaft führte manchmal zu einem sehr komplexen Thema, das bei der konkreten Bearbeitung in einzelnen Gruppen Misserfolge nach sich zog (vgl. ESCHENHAGEN et al. 1998).

Besonders schwerwiegend ist die Tatsache, dass das Untersuchen an den Tieren und Pflanzen zu kurz kam. Um mehr Zeit für dieses wichtige Anliegen zu haben, ist es empfehlenswert sich nicht für eine bessere Artenkenntnis einzusetzen, sondern sich von vornherein auf wenige Arten zu beschränken. Es ist bei einer nächsten Unterrichtsreihe auf jeden Fall gründlich abzuwägen, ob eine Stationsarbeit in dieser Form nochmals durchgeführt werden sollte.

Um dem Naturschutz eine größere Bedeutung zu geben, kann man als Abschluss ein Rollenspiel durchführen. Es kann helfen, Probleme und Absichten des Naturschutzes zu verdeutlichen. Hier können die Vorurteile, Meinungen der Schüler in einem spielerischen Rahmen angesprochen und diskutiert werden, ohne Konsequenzen befürchten zu müssen. Die Schüler sollen sich in die jeweilige Meinung hineinversetzen. Beispielsweise kann in einem solchen Rollenspiel das fiktive Problem, Belassen, Umsiedeln oder Vernichten eines Hornissennestes in einem Garten als Ausgangspunkt genommen werden. Dabei könnten folgende Rollen besetzt werden:

- Moderator
- neutrale Experten
- Anwohner
- Naturschützer

Die Gruppen müssten sich vorher Argumente für ihre Positionen überlegen. In einer Diskussionsrunde müssten sie versuchen, ihre Position zu vertreten. Die Klasse kann dabei den Diskussionsverlauf beispielsweise unter dem Gesichtspunkt festhalten, wer seine Rolle aus welchen Gründen am Überzeugendsten vertreten hat.

5 Abbildungsverzeichnis

Abbildung 12: CHINERY, M.: Das große Kosmos – Handbuch der Natur. Kosmos/Franckh`sche, Stuttgart, 1986, S. 338.

Abbildung 13: CHINERY, M.: Das große Kosmos – Handbuch der Natur. Kosmos/Franckh`sche, Stuttgart, 1986, S. 286.

Abbildung 14: CHINERY, M.: Das große Kosmos – Handbuch der Natur. Kosmos/Franckh`sche, Stuttgart, 1986, S. 286.

Abbildung 15: DÖRFLER, H. – P. & G. ROSELT: Hausbuch der Heilpflanzen. Urania, Berlin, 1997, S. 277.

Abbildung 16: a DÖRFLER, H. – P. & G. ROSELT: Hausbuch der Heilpflanzen. Urania, Berlin, 1997, S. 85. b CHINERY, M.: Das große Kosmos – Handbuch der Natur. Kosmos/Franckh`sche, Stuttgart, 1986, S. 280.

Abbildung 17: DIETZE, P. & H. BEER, B. BOHNE, S. DIETZE: Gehölze für Garten und Landschaft. Ulmer, Stuttgart, 2000.

Abbildung 18: DÖRFLER, H. – P. & G. ROSELT: Hausbuch der Heilpflanzen. Urania, Berlin, 1997, S. 147.

Abbildung 19: FROHNE, D. & H. J. PFÄNDER: Giftpflanzen. Wissenschaftliche Verlagsgesellschaft, Stuttgart, 1997, Auf. 4, S. 355.

Abbildung 20: CHINERY, M.: Das große Kosmos – Handbuch der Natur. Kosmos/Franckh`sche, Stuttgart, 1986, S. 114.

Abbildung 21: Terwelp, G.: Postkartenserie der Biologischen Station Wesel, 2000.

Abbildung 22: MEBS, D.: Gifttiere. Wissenschaftliche Verlagsgesellschaft, Stuttgart, 2000, Aufl. 2, S.257.

Abbildung 23: FOELIX, R. F.: Biologie der Spinnen. Thieme, Stuttgart, 1992, Aufl. 2, S. 1.

Abbildung 24: CHINERY, M.: Das große Kosmos – Handbuch der Natur. Kosmos/Franckh`sche, Stuttgart, 1986, S. 146.

Abbildung 25: FOELIX, R. F.: Biologie der Spinnen. Thieme, Stuttgart, 1992, Auf. 2, S. 131.

Abbildung 26: FOELIX, R. F.: Biologie der Spinnen. Thieme, Stuttgart, 1992, Auf. 2, S. 14.

Abbildung 27: MÜLLER,H. J. (Begründer), R. Bährmann (Herausgeber):Bestimmung wirbelloser Tiere. Gustav Fischer, Jena, 1996, Aufl. 3.

Abbildung 28: RIPBERGER R. & C. P. HUTTER: Schützt die Hornissen. Weitbrecht, Stuttgart, 1992, S. 72.

Abbildung 29: HOLTAPPELS, E.: Wespen eine bestechende Insektengruppe. UB Jg.16 (H. 174): 22-26 (1992).

Abbildung 30: RIPBERGER R. & C. P. HUTTER: Schützt die Hornissen. Weitbrecht, Stuttgart, 1992, S 91.

Abbildung 31: RIPBERGER R. & C. P. HUTTER: Schützt die Hornissen. Weitbrecht, Stuttgart, 1992, a: S. 90.

Abbildung 32: MEBS, D.: Gifttiere. Wissenschaftliche Verlagsgesellschaft, Stuttgart, 2000, Aufl. 2, S.32.

Abbildung 33: RIPBERGER R. & C. P. HUTTER: Schützt die Hornissen. Weitbrecht, Stuttgart, 1992, S.112.

Abbildung 34: NURIDSANY, C. & M. PE´RENNOU: Mikrokosmos – Das Volk in den Gräsern. Scherz, München, 1997, S. 108.

Abbildung 35: BROHMER, P. (Begründer), M. SCHAEFER (Herausgeber): Fauna von Deutschland. Wiebelsheim, 2000, Aufl. 20 , S.469.

Abbildung 36: EBEL, W.: Bienengift und Bienenstachel. UB Jg. 13 (H. 148): 37 – 41 (1989).

Abbildung 37: EBEL, W.: Bienengift und Bienenstachel. UB Jg. 13 (H. 148): 37 – 41 (1989).

Abbildung 38: BRETZ, D.: Den Waldameisen auf der Spur. PdB 51 (6): 1 – 6 (2002).

Abbildung 39: BRETZ, D.: Waldameisen – Bedrohte Helfer im Wald. Aus der Schriftreihe „ Naturschutz im Kleinen", Heft 9. Bechtle–Druck, Esslingen 1993, S. 1.

Abbildung 40: HÖLLDOBLER, B. & E. O. WILSON: Ameisen – Die Entdeckung einer faszinierenden Welt. Birkhäuser, Berlin, 1995, S.156.

Abbildung 41: FROHNE, D. & H. J. PFÄNDER: Giftpflanzen. Wissenschaftliche Verlagsgesellschaft, Stuttgart, 1997, Auf. 4, S. 15.

6 Literaturverzeichnis

Abkürzungen:

UB: Unterricht Biologie, Zeitschrift für alle Schulstufen (Seelze)

MNU: Der mathematisch naturwissenschaftliche Unterricht

PdB: Praxis der Naturwissenschaften, Teil B (Köln)

IDB: Berichte des Instituts für Didaktik der Biologie

AICHELE, D. & M. GOLTE – BECHTLE: Was blüht denn da?. Kosmos/Franckh`sche, Stuttgart, 1997, Aufl 56.

ALTMANN, H.: Giftpflanzen – Gifttiere. BLV, München, 2002.

BAEHR, B. & M. BAEHR: Welche Spinne ist das?. Kosmos/Franckh`sche, Stuttgart, 1989.

BARTKE, A.: Achtung Vergiftung: Laßt uns helfen!. UB Jg. 13 (H.148): 19 – 22 (1989).

BEIKE, S. & B. RUHS: Giftpflanzen und Gifttiere. UB Jg. 25 (H. 264): 13 – 17 (2001).

BERCK, K–H.: Biologiedidaktik. Quelle & Meyer, Wiebelsheim, 2001, Aufl. 2.

BEUREN, A.& M. DAHM: Lernen an Stationen. UB Jg. 24 (H. 259): 4 – 9 (2000).

BIELFELD-ACKERMANN, A. & M. VON MACKENSEN: Ameisensäure – eine fächerübergreifende Lehreinheit. PdB 51 (6): 29 – 31 (2002).

BOTSCH, W.: Salz des Lebens. Kosmos, Stuttgart, 1971.

BRAUNE, W. & A. LEMAN, H. TAUBERT: Pflanzenanatomisches Praktikum 1. Fischer, Jena, Aufl. 7, 1994.

BRAUNER, K. & S. LEFERING: Von Lebens- und Totenbäumen. UB Jg. 26 (H. 279): 50 – 51 (2002).

BRAUNER, K.: Angst vor Schlangen. UB Jg. 15 (H. 166): 24 – 27 (1991).

BRETZ, D.: Den Waldameisen auf der Spur. PdB 51 (6): 1 – 6 (2002).

BRETZ, D.: Waldameisen – Bedrohte Helfer im Wald. Aus der Schriftreihe „ Naturschutz im Kleinen", Heft 9. Bechtle–Druck, Esslingen 1993.

BROHMER, P. (Begründer), M. SCHAEFER (Herausgeber): Fauna von Deutschland. Wiebelsheim, 2000, Aufl. 20.

CZIHAK, G. & H. LANGER, H. ZIEGLER: Biologie – Ein Lehrbuch. Weltbild, Berlin, 1990, Aufl.4.

DAUNDERER, M.: Lexikon der Pflanzen – und Tiergifte. Nikol, Hamburg, 1995.

DENKOW, W.: Gifte der Natur. Ennsthaler, Augsburg, 2001.

DÖRING, E & H. KEMPER, Die sozialen Faltenwespen Mitteleuropas. Parey, Berlin, 1967.

DRESCHER,W & D. BRASSE, H. J.: DUSTMANN, Schützt und fördert die Bienen. Neusser Druckerei und Verlag, Neuss, 1996, Aufl. 8.

DULITZ, M.: Abwehrstrategien der Pflanzen. UB Jg. 2 (H. 243): 31 – 35 (1999).

DÜLL, R. & H. KUTZELNIGG: Botanisch – ökologisches Exkursionstaschenbuch. Quelle & Meyer, Wiesbaden, 1994, Aufl. 5.

EBEL, W.: Bienengift und Bienenstachel. UB Jg. 13 (H. 148): 37 – 41 (1989).

ELLENBERGER, W.: Ganzheitlich–kritischer Biologieunterricht. Cornelsen, Berlin, 1993.

ESCHENHAGEN, D. & U. KATTMANN, D. RODI: Fachdidaktik Biologie. Aulis, 1998, Aufl. 4.

ETSCHENBERG, K.: Allergie. UB Jg. 17 (H. 181): 2 –11 (1993).

FEY, J. M.: Biologie am Bach. Quelle & Meyer, Wiesbaden, 1996.

FISCHER, M.: Die Dosis macht das Gift. UB Jg. 13 (H.143): 23 – 26 (1989).

FOELIX, R. F.: Biologie der Spinnen. Thieme, Stuttgart, 1992, Aufl. 2.

FRINGS, J. F. & G. WINKEL: Experimentelle Bienenkunde in der Schule. Grotedruck, Hamburg, 1994.

FROHNE, D. & H. J. PFÄNDER: Giftpflanzen. Wissenschaftliche Verlagsgesellschaft, Stuttgart, 1997, Auf. 4.

FROMBOLD, E.: Die Kreuzotter. Ziemsen, Stuttgart, 1964.

GRUBER, U.: Die Schlangen Europas und rund ums Mittelmeer. Kosmos/Franckh`sche Stuttgart, 1989.

HAAS, L.: Das Johanniskraut – Heilkraut oder Giftpflanze?. UB Jg. 25 (H. 264): 40 – 45 (2001).

HABERMEHL, G. & P. ZIEMER: Giftpflanzen und ihre Wirkstoffe. Springer, Berlin, 1999, Aufl. 2.

HEDEWIG, R.: Amphibien. UB Jg. 23 (H. 242): 4 – 13 (1999).

HEGELE, I.: Lernziel: Stationsarbeit. Eine neue Form des offenen Unterrichts. Beltz, Weinheim, 1997, Aufl. 2.

HESSE, M.: Blausäure – Ein Gift läßt Pflanzen überleben. MNU 42 (8): 488 – 495 (1989).

HESSE, M.: Kinder werden durch Giftpflanzen gefährdet!?. IDB, Münster: 1 – 19 (1998).

HESSE, M.: Ökologische Bedeutung pflanzlicher Inhaltsstoffe. PdB 39 (4): 1 – 15 (1990).

HÖLLDOBLER, B. & E. O. WILSON: Ameisen – Die Entdeckung einer faszinierenden Welt. Birkhäuser, Berlin, 1995.

HÜLSMEYER, B.: Giftpflanzen – Maiglöckchen und Pfaffenhütchen. PdB 51 (3): 28 – 30 (2002).

HÜLSMEYER, B.: Giftpflanzen – Über Vorkommen und Habitus, Bedeutung und volkskundliche Historie. PdB 51 (2): 36 – 38 (2002).

JONES, D.: Der Kosmos – Spinnenführer. Kosmos/Franckh`sche, Stuttgart, 1990, Aufl. 4.

KAISER, R.: Indianischer Sonnengesang. Herder, Freiburg im Breisgau, 1993.

KASPRZEK, T.: Die Kartoffel – Eine tolle Knolle. UB Jg. 24 (H. 259): 20 – 23 (2000).

138

KÖRBER–GROHNE, U.: Nutzpflanzen in Deutschland. Nikol, Stuttgart, 1995.

KROEBER, L.: Das neuzeitliche Kräuterbuch. 3 Bände. Hippokrates, Stuttgart, (1947, 1948, 1949) Aufl. 3.

KULTUSMINISTERIUM DES LANDES NRW (Herausgeber): Richtlinien und Lehrpläne – Biologie – Gymnasium – Sekundarstufe 1. Ritterbach, Düsseldorf, 1993.

LAMPEITL, F.: Ertragreich imkern. Weltbild, Augsburg, 1999.

LEUTHOLD, C.: Die ökologische und pflanzensoziologische Stellung der Eibe (Taxus baccta) in der Schweiz. Rübel, Zürich, 1980.

MADAUS, G.: Lehrbuch der biologischen Heilmittel. 3 Bände. Thieme, Stuttgart, 1938.

MARZELL, H.: Geschichte und Volkskunde der deutschen Heilpflanzen. Neudruck von 1938. Reichel, St. Goar, 2002.

MEBS, D.: Gifttiere. Wissenschaftliche Verlagsgesellschaft, Stuttgart, 2000, Aufl. 2.

MEYFARTH, S. & G. TEUTLOFF: Nutznießer von Pflanzengiften. UB Jg. 25 (H. 264): 22 – 26 (2001).

NIEMEYER–LÜLLWITZ; Grüne Dächer – Grüne Wände. Becker Druck, Düsseldorf, 2000.

OEHMIG, B.: Der Giftcocktail der Nachtschattengewächse. UB Jg. 25 (H. 264): 30–34 (2001).

OEHMIG, B.: Die Brennessel – Monographie einer verfemten Pflanze. UB Jg. 15 (H. 165): 48 – 54 (1991).

PAHLOW, M.: Heilpflanzen. Gräfe und Unzer, München, 1993.

PASTERNACK, F. & A. STOCKFISCH: Die Natur im Unterricht. August Lax, Hildesheim, 1953.

RENNER, F.: Amphibienschutz an Straßen. Jg. 23 (H. 242): 14 – 17 (1999).

RIPBERGER R. & C. P. HUTTER: Schützt die Hornissen. Weitbrecht, Stuttgart, 1992.

ROGERS, E., Wirbeltiere im Überblick, Quelle & Meyer, Wiesbaden 1989.

ROSCHKE, A.: Sambunigrin – Motor der Evolution. UB Jg. 25 (H. 257): 51 (2000).

ROTH, L. & M. DAUNDERER, K. KORMANN: Giftpflanzen – Pflanzengifte. Nikol, Landsberg, 1994, Aufl. 4.

ROTHMALER, W. (Begründer), M. Bäßler, E. J. Jäger, K. Werner (Herausgeber): Exkursionsflora von Deutschland. Gustav Fischer, Jena, 1996, Aufl. 16.

SANDROCK, F.: Hummeln, Wespen und Hornissen. UB Jg. 16 (H. 174): 4 – 13 (1992).

SCHAUER, T. & C. CASPARI: Der große BLV Pflanzen – Führer. BLV, München, 1997, Aufl 7.

SCHIEMENZ, H.: Die Kreuzotter. Spektrum, Heidelberg, 1995, Aufl. 3.

SCHMIDT, E.: „ Einführung in die Biologiedidaktik – Hochschulinternes Skript zur Grundvorlesung an der Universität Essen 2001".

SCHWENKE, W.: Ameisen der duftgelenkte Staat. Landbuch– Verlag, Hannover, 1985.

SEBALD, O. & S. SEYBOLD, G. PHILIPPI, Die Farn – und Blütenpflanzen Baden–Württembergs. Band 1. Ulmer, Stuttgart 1993.

SIEGER, A.: Der Aronstab eine Waldpflanze mit Kesselfalle. UB Jg. 16 (H. 173): 52 – 53 (1992).

STAECLK, L.: Zeitgemäßer Biologieunterricht. Cornelsen, Berlin, 1995, Aufl. 5.

STICHMANN–MARNY, U.: Der neue Kosmos Tier – und Pflanzenführer. Kosmos/Franckh`sche, Stuttgart, 1998, Aufl. 3.

STICHMANN–MARRY, U.: Wie sich Scharbockskraut, Fingerhut und Silberkraut vermehren. UB Jg. 26 (H. 274):18 – 23 (2002).

STORCK, M.: Efeu – eine Schattenpflanze klettert ans Licht. UB Jg. 16 (H. 173): 32 – 37 (1992).

STRASBURGER, E. & F. NOLL, H. SCHENK, A. F. W. SCHIMPER (Begründer), P. SITTER, H. ZIEGLER, F. EHRENDORFER, A. BRESINSKY (Herausgeber): Lehrbuch der Botanik für Hochschulen. Fischer, Stuttgart, 1991, Aufl. 33.

STRAUß, E.,& J. DOBERS, J. JAENIKE: Biologie – heute. Schroedel, Hannover , 1993.

Stresemann, E. (Begründer), H.¬J. HANNEMANN & B. KLASUNITZER, K. SENGLAUB (Herausgeber): Exkursionsfauna von Deutschland, Spektrum, Heidelberg, 2000, Aufl. 9.

TERWELP, G.: Postkartenserie der Biologischen Station. Wesel, 2000.

TEUSCHER, E. & U. LINDEQUIST: Biogene Gifte. Fischer, Stuttgart, 1994.

WELLENSTEIN, G.: Waldbewohnende Ameisen, ihre Bedeutung ihre Biologie, ihre Hege und ihr Schutz. Allgäuer Zeitungsverlag, Kempten, 1990, Aufl. 2.

WERNER J. & H. MEYER: Didaktische Modelle, Cornelson, Berlin, 2002, Aufl. 5.

WINKEL, G.: Gifte bei Pflanzen und Tieren. UB Jg. 13 (H. 143): 4 – 13 (1989).

ZIMMER, U. E.: BLV Tier– und Pflanzenführer für unterwegs. BLV, München, 1989.